21世纪交通版高等学校教材

机场工程系列教材

机场道面新材料
New Materials for Airport Pavement

吴永根　于洪江　刘庆涛　编著

人民交通出版社股份有限公司

China Communications Press Co.,Ltd.

内 容 提 要

本书是机场工程系列教材之一,全书共分为八章,结合作者从事机场工程施工与材料方面的研究和实践经验及教学体会,较系统地介绍了各种新型机场道面材料的组成、特性与应用情况等。主要内容包括高性能混凝土、道面高强混凝土、道面自密实混凝土、道面碾压混凝土、道面纤维混凝土、道面再生混凝土、道面无机聚合物混凝土和道面接缝材料。

本书内容新颖,系统全面,可作为高等院校机场工程专业的本科教材,也可供从事机场工程的各类专业技术人员和管理人员参考使用。

图书在版编目(CIP)数据

机场道面新材料 / 吴永根,于洪江,刘庆涛编著.
— 北京 : 人民交通出版社股份有限公司,2017.12
机场工程系列教材. 21 世纪交通版高等学校教材
ISBN 978-7-114-14389-2

Ⅰ. ①机… Ⅱ. ①吴… ②于… ③刘… Ⅲ. ①飞机跑道—路面材料—高等学校—教材 Ⅳ. ①V351.11

中国版本图书馆 CIP 数据核字(2017)第 304809 号

21世纪交通版高等学校教材
机场工程系列教材

书　　　名:机场道面新材料
著　作　者:吴永根　于洪江　刘庆涛
责任编辑:李　喆
出版发行:人民交通出版社股份有限公司
地　　　址:(100011)北京市朝阳区安定门外外馆斜街 3 号
网　　　址:http://www.ccpress.com.cn
销售电话:(010)59757973
总 经 销:人民交通出版社股份有限公司发行部
经　　　销:各地新华书店
印　　　刷:北京鑫正大印刷有限公司
开　　　本:787×1092　1/16
印　　　张:10.25
字　　　数:231 千
版　　　次:2017 年 12 月　第 1 版
印　　　次:2017 年 12 月　第 1 次印刷
书　　　号:ISBN 978-7-114-14389-2
定　　　价:40.00 元
(有印刷、装订质量问题的图书由本公司负责调换)

出 版 说 明

随着近些年来我国经济的快速发展和全球经济一体化趋势的进一步加强,科技对经济增长的作用日益显著,教育在科技兴国战略和国家经济与社会发展中占有重要地位。特别是民航强国战略的提出和"十二五"综合交通运输体系发展规划的编制,使航空运输在未来交通运输领域的地位和作用愈加显著。机场工程作为航空运输体系中重要的基础设施之一,发挥着至关重要的作用。据不完全统计,我国"十二五"期间规划的民用改扩建机场达110余座,迁建和新建机场达80余座,开展规划和前期研究建设机场数十座,通用航空也迎来大发展的机遇,我国机场工程建设到了一个新的发展阶段。

国内最早的机场工程本科专业于1953年始建于解放军军事工程学院,设置的主要专业课程有:机场总体设计、机场道面设计、机场地势设计、机场排水设计和机场施工。随着近年机场工程的发展,开设机场工程专业方向的高校数量不断增多,但是在机场工程专业人才培养过程中也出现了一些问题和不足。首先,专业人才数量不能满足社会需求。机场工程专业人才培养主要集中在少数院校,实际人才数量不能满足机场工程建设的需求。其次,专业设置不完备,人才培养质量有待提高。目前很多院校在土木工程专业和交通工程专业下设置了机场工程专业方向,限于专业设置时间短、师资力量不足、培养计划不完善、缺乏航空专业背景支撑等各种原因,培养人才的专业素质难以达到要求。此外,我国目前机场工程专业教材总体数量少、体系不完善、教材更新速度慢等因素,也在一定程度上阻碍了机场工程专业的发展。为了更好地服务国家机场建设、推动机场工程专业在国内的发展,总结机场工程教学的经验,编写一套体系完善,质量水平高的机场工程教材就显得很有必要。

教材建设是教学的重要环节之一,全面做好教材建设工作是提高教学质量的重要保证。我国机场工程教材最初使用俄文原版教材,经过几年的教学实践,结合我国实际情况,以俄文原版教材为基础,编写了我国第一版机场工程教材,这批教材是国内机场工程专业教材的基础,期间经历了内部印刷使用、零星编写出版、核心课程集中编写出版等阶段。在历次机场工程教材编写工作的基础上,空军工程大学精心组织,选择了理论基础扎实、工程实践经验丰富、研究成果丰硕的专家组成编写组,保证了教材编写的质量。编写者经过认真规划,拟定编写提纲、遴选编写内容、确定了编写纲目,形成了较为完整的机场工程教材体系。本套教材共计14本,涵盖了机场工程的勘察、规划、设计、施工、管理等内容,覆盖了机场工程专业的全部专业课程。在编写过程中突出了内容的规范性和教材的特点,注意吸收了新技术和新规范的内容,不仅对在校学生,同时对于工程技术人员也具有很好的参考价值。

本套教材编写周期近三年,出版时适逢我国机场工程建设大发展的黄金期,希望该套教材的出版能为我国机场工程专业的人才培养、技术发展有一些推动,为我国航空运输事业的发展做出贡献。

编写组
2014 年于西安

前　　言

　　"机场道面新材料"是机场工程专业的一门专业基础类选修课,主要为了扩充学生专业知识的广度和深度,提高学生的专业技能。

　　本书依据机场工程专业本科层次"机场道面新材料"课程标准进行编写。结合近年来机场道面工程领域新型材料的研究、应用和发展,确定本书的主要内容包括:机场道面面层材料和道面接缝材料,并具体参考相关著作、研究报告、工程标准等编写完成。

　　全书分为八章,详细介绍各种新型机场道面材料的组成、特性与应用情况等。第一章为高性能混凝土,第二章为道面高强混凝土,第三章为道面自密实混凝土,第四章为道面碾压混凝土,第五章为道面纤维混凝土,第六章为道面再生混凝土,第七章为道面无机聚合物混凝土,第八章为道面接缝材料。

　　本书由吴永根、于洪江、刘庆涛编著。在编写过程中,参阅了国内外众多学者的研究成果和著作,在此一并致以诚挚的谢意。

　　由于编著者的水平所限,书中难免存在不妥之处,恳请读者批评指正!

编　者
2017 年 8 月

目　录

第一章　高性能混凝土

第一节　概　述

一、高性能混凝土的定义和特点

普通混凝土是当代建筑用量最多的人造材料。因其原料易得,成本低,操作简便,耐久性较好而得到了普遍应用。但是,普通混凝土并不总是耐久的,在正常使用条件下,其使用期限约为50年,而在严酷条件下经20年、10余年或更短的时间就会遭到本质的破坏,需补强、修理,甚至重建。目前机场道面主要建筑材料是普通混凝土,而由于机场道面暴露于自然环境下,长期承受飞机重复荷载作用和严酷的自然环境作用,更加要求道面混凝土应具有足够的物理力学性能与耐久性。近年来我国北方地区新建、扩建的机场,陆续出现了混凝土道面使用仅数年后便发生冻融、碎裂、脱皮、腐蚀等耐久性破坏现象,不但严重影响飞机的安全起飞、着陆及停放,降低了道面的使用寿命,而且要花费巨额维修和重建费用。在机场建设中引入现代高性能混凝土技术为解决这类问题提供了有效的技术途径。

高性能混凝土(High Performance Concrete,HPC),是20世纪80年代末90年代初一些发达国家基于混凝土结构耐久性设计提出的一种全新概念的混凝土,它以耐久性为首要设计指标,这种混凝土有可能为基础设施工程提供100年以上的使用寿命。区别于传统混凝土,高性能混凝土由于具有高耐久性、高工作性、高强度和高体积稳定性等许多优良特性,被认为是目前全世界性能最为全面的混凝土。至今已在不少重要工程中被应用,特别是在桥梁、高层建筑、海港建筑等工程中显示出其独特的优越性,在工程安全使用期、经济合理性、环境条件的适应性等方面产生了明显的效益,因此被各国学者所接受,被认为是今后混凝土技术的发展方向。

1990年5月在马里兰州盖瑟斯堡,由美国NIST和ACI主办的讨论会上,HPC被定义为具有所要求的性能和匀质性的混凝土,这些性能包括:易于浇筑、捣实而不离析;良好的、能长期保持的力学性能;早期强度高、韧性高和体积稳定性好;在恶劣的使用条件下寿命长。即HPC要求高的强度、高的流动性与优异的耐久性。但是,不同的学派,根据实际工程的要求,对HPC的看法有所不同:欧洲混凝土学会和国际预应力混凝土协会将HPC定义为水胶比低于0.40的混凝土;在日本,将高流态的自密实混凝土(即免振混凝土)称为HPC;中国土木工程学会高强与高性能混凝土委员会将HPC定义为以耐久性和可持续发展为基本要求并适合工业化生产与施工的混凝土。虽然在不同的国家,不同的学者或工程技术人员,对HPC的理解有所不同。比如美国学者更强调高强度和尺寸稳定性,欧洲学者更注重耐久性,而日本学者偏重于高工作性。但是他们的基本点都是高耐久性,这方面的认识是一致的。

高性能混凝土与普通混凝土相比有以下三个特点：

（1）高和易性。这是机械化泵送施工的条件，一般坍落度应达到200mm±20mm，而且不产生过多的泌水。

（2）良好的物理力学性能。高性能混凝土应具有较高的强度和体积稳定性。

（3）长期的耐久性。这是高性能混凝土最重要的性能指标。高性能混凝土应具有上百年而不是普通混凝土40～50年的使用寿命。

二、高性能混凝土的技术路线

（1）低的水胶比。在保证和易性的情况下，尽可能减少水的用量。

（2）使用高效减水剂。这是为了保证在水胶比比较低、胶结材料用量不多的情况下工作性能高。

（3）选择高品质的骨料。高性能混凝土对骨料的颗粒级配和粒径有着更严格的要求，要求细骨料应选用洁净的砂子，粗骨料应是高强、低吸水性的碎石。

（4）掺入活性矿物材料。掺入活性矿物材料可以带来很多益处：

①改善新拌混凝土的工作性。

②降低混凝土硬化初期的水化热，减少温度裂缝。

③活性矿物材料与水泥水化产物$Ca(OH)_2$起火山灰反应，使硬化水泥浆内的空隙细化，提高水泥浆和水泥浆—骨料界面的强度，提高混凝土的抗渗性，有利于混凝土在酸性环境下的耐久性。

三、高性能混凝土的发展前景

目前，高性能混凝土的发展有以下几个方向：

1. 绿色高性能混凝土

水泥混凝土是当代最常用的人造材料，对资源、能源的消耗和对环境的破坏十分巨大，与可持续发展的要求背道而驰。绿色高性能混凝土研究和应用较多的是粉煤灰混凝土，粉煤灰混凝土与基准混凝土相比，大大提高了新拌混凝土的工作性能，明显降低了混凝土硬化阶段的水化热，提高了混凝土强度特别是后期强度。而且，节约水泥，减少环境污染，成为绿色高性能混凝土的代表性材料。

2. 超高性能混凝土

超高性能混凝土，如活性粉末混凝土（Reactive Powder Concrete，RPC），其特点是高强度，抗压强度高达300MPa，且具有高密实性，已在军事、核电站等特殊工程中成功应用。

3. 智能混凝土

智能混凝土是在混凝土原有的组分基础上复合智能型组分，使混凝土材料具有自感知、自适应、自修复特性，对环境变化具有感知和控制的功能。随着损伤自诊断混凝土、温度自调节混凝土、仿生自愈合混凝土等一系列机敏混凝土的出现，为智能混凝土的研究、发展和应用奠定了基础。

随着HPC的开发和应用，建筑对生态环境产生的影响巨大。建筑物在建造和运行的过程中需消耗大量的自然资源和能源，并对环境产生不同程度的影响。有专家指出，作为建筑工业主要原料的水泥,实际上是一种不可持续发展的产品。因此,高性能混凝土的技术核心是在限制水泥用量以获得混凝土高性能的同时,坚持其可持续性的发展原则。21 世纪前后,吴中伟等提出了绿色混凝土的概念,在高性能混凝土的基础上增加了三个含义:节约资源、能源;不破坏环境,更有利于环境;可持续发展,既要满足当代人的需求,又不危害后代人满足其需要的能力。高性能混凝土具有普通混凝土无法比拟的优良性能,大力开展绿色高性能混凝土的研究和应用,对混凝土的发展将起重要作用,并为 HPC 的发展指明了非常明确的方向。

第二节　高性能混凝土组成材料

一、水泥

按照化学成分不同,水泥一般分为硅酸盐系水泥、铝酸盐系水泥、硫铝酸盐系水泥。一般常用的硅酸盐系水泥又分为 6 种:硅酸盐水泥(P.Ⅰ、P.Ⅱ),普通硅酸盐水泥(P.O),矿渣硅酸盐水泥(P.S),火山灰硅酸盐水泥(P.P),粉煤灰硅酸盐水泥(P.F),复合硅酸盐水泥(P.C)。

(1)硅酸盐水泥,有 P.Ⅰ和 P.Ⅱ两个编号,其中 P.Ⅰ不掺加任何的矿物混合材料,P.Ⅱ允许有不超过 5% 的活性矿物混合材料。

(2)普通硅酸盐水泥,允许以 6%~20% 的矿物混合材料等量取代硅酸盐熟料。

(3)矿渣硅酸盐水泥,允许以 20%~70% 的粒化高炉矿渣作为矿物混合材料等量取代硅酸盐熟料。

(4)火山灰硅酸盐水泥,允许有 20%~40% 的火山灰质材料作为矿物混合材料等量取代熟料。

(5)粉煤灰硅酸盐水泥,允许有 20%~40% 的粉煤灰等量作为矿物混合材料取代熟料。

(6)复合硅酸盐水泥,用两种以上矿物混合料以总量 20%~50% 取代硅酸熟料。

在配制高性能混凝土时,一般选用硅酸盐水泥或普通硅酸盐水泥。这是因为当使用掺有矿物混合材料的水泥时,往往不清楚所加入的矿物混合材料质量与掺和工艺,而且矿渣硬度比水泥熟料大,共同磨细时,水泥中的矿渣颗粒太粗,矿渣的潜在活性不能充分发挥。因此为了有效控制混凝土的质量并发挥矿料的作用,在配制高性能混凝土时宜采用硅酸盐水泥或普通硅酸盐水泥,同时可将矿料以掺合料的形式作为配制混凝土的单独组分加入混凝土拌和物中。由于水泥熟料中的主要成分硅酸三钙(C_3S)、硅酸二钙(C_2S)、铝酸三钙(C_3A)、铁铝酸四钙(C_4AF)在不同厂家中不同品牌水泥的含量不同,与水发生作用后反应的效果不同,其硬化后的早期强度、后期强度增长率、抗裂性以及抗化学腐蚀的性能都会有较大差别,因此应尽可能选择水化速度较慢、水化发热量较小的水泥。同时选择水泥时不能以强度作为唯一指标,强度高的水泥不一定好。在目前生产工艺条件下,提高水泥强度(尤其是早期强度)主要依靠增加水泥中的 C_3A、C_3S 的含量并提高水泥的比表面积来实现,而比表面积过高将导致水化速度过快,水化热大,混凝土收缩大,抗裂性下降,混凝土的微结构不良,抗腐蚀性差,从而导致混凝土的耐久性差。

水泥含碱量的控制,应符合现行标准规定。

二、骨料

（1）骨料的一般指标。细骨料宜选用质地坚硬、洁净、级配良好的天然中、粗河砂，其质量要求应符合普通混凝土用砂、石标准中的规定。砂的粗细程度对混凝土强度有明显的影响。配制 C50~C80 的混凝土用砂宜选用细度模数大于 2.3 的中砂，对于 C80~C100 的混凝土用砂宜选用细度模数大于 2.6 的中砂或粗砂。高性能混凝土必须选用强度高、吸水率低、级配良好的粗骨料，宜选择表面粗糙、外形有棱角、针片状颗粒含量低的硬质砂岩、石灰岩、花岗岩、玄武岩碎石，级配应符合规范要求。由于高性能混凝土要求强度较高，因此必须使粗骨料具有足够高的强度，一般粗骨料强度应为混凝土强度的 1.5~2.0 倍或控制压碎值指标应小于 12%。最大粒径不应大于 25mm，以 10~20mm 为佳，这是因为较小粒径的粗骨料，其内部产生缺陷的概率减小，与砂浆的黏结面积增大，且界面受力较均匀。另外，粗骨料还应注意颗粒形状、级配和岩石种类，一般采取连续级配，其中尤以级配良好、表面粗糙的碎石为最好。粗骨料的线膨胀系数要尽可能小，这样能大大减小温度应力，从而提高混凝土的体积稳定性。

（2）骨料的级配和颗粒形状。这里需要强调的是粗骨料的级配和颗粒形状。我国混凝土质量一般的重要原因之一，在于对骨料颗粒形状和级配的不够重视。虽然我国也有关于骨料产品质量的强制性标准，但是目前生产供应的骨料很少有真正符合标准的。与水泥一样，在骨料的质量中，我国工程界比较看重的只是与混凝土强度有关的骨料强度和含泥量等指标，对于骨料颗粒形状和级配的重要性，认为后者不过是多费点水泥的问题，很少从耐久性的角度去重视骨料的质量。一般天然骨料的强度，对于目前常用的混凝土强度等级（C70 以下）来说是足够的，而骨料的其他性能（如吸水率、热膨胀系数等）对混凝土耐久性则有重要影响。吸水率大的骨料，配制的混凝土会有较大的长期收缩，影响混凝土的抗裂性。与天然骨料相比，碎石混凝土的骨料与浆体的界面有较好的结合，抗裂性也好些。一般来说粗骨料的最大粒径较小时，混凝土的抗渗性会提高。所以当耐久性作为主要因素考虑时，骨料的最大粒径宜取小一些。

粗骨料的级配和颗粒形状不好，必然要加大混凝土的胶凝材料总量和用水量，不仅增加混凝土收缩，而且会增加混凝土的渗透性和有害介质在混凝土中的含量。为了提高耐久性，必然要同时采用低水胶比和低用水量。西方发达国家混凝土的用水量都较少，先进的混凝土技术可将用水量减少到 130kg/m³ 以下并依然有很好的泵送性，其中的一个关键因素就是骨料的级配和颗粒形状好，不存在粗骨料的针、片状颗粒问题。所以配制混凝土的粗骨料都要经过颗粒形状和级配的严格选择，在选择供应商时，首选采用反击式破碎机生产的粗骨料，其次是锤式破碎机生产的粗骨料，应尽可能避免采用颚式破碎机生产的粗骨料。

（3）粗骨料的最大粒径。为了保证混凝土浇筑的通畅，骨料的最大粒径应受到钢筋最小间距和保护层厚度的限制，后者也是为了保证混凝土保护层抗渗性的需要。目前在施工中为了少用水泥，往往尽可能增大石子粒径，一些商品预拌混凝土由于大批量生产也极少变换石子粒径，而设计人员在施工图的钢筋净间距上又常忽略施工的实际情况和需要，于是混凝土浇筑时的钢筋通过性就很差，造成混凝土浇筑质量不匀，钢筋下方形成空隙，并在保护层外表面沿水平钢筋或箍筋的下方位置出现裂缝，这些均要予以充分重视。这就要求选择配合比时要根据施工图的设计不同部位来确定选择不同骨料最大允许粒径,而不是同一强度等级不论是什么施工部位均采用同一配合比。

三、外加剂

外加剂是混凝土的重要组成部分。外加剂对混凝土具有良好的改性作用,掺用外加剂是制备高性能混凝土的关键技术之一。在混凝土中合理掺加具有减水率高、坍落度损失小、适量引气、质量稳定的外加剂产品,能明显改善或提高混凝土的耐久性能。混凝土中掺入少量引气剂后,相当于每立方米混凝土中引入数千亿个微小气泡,使混凝土的抗冻融性能大大提高。有研究表明,引气剂对混凝土的工作性和匀质性都有所提高,引气剂不仅能减少混凝土的用水量,降低泌水率,更重要的是混凝土引气后,水在拌和物中的悬浮状态更加稳定,因而可以改善骨料底部浆体泌水、沉降等不良现象,适量引气已经是配制高性能混凝土的重要手段之一。但并不是含气量越大越好,一般含气量每增加1%(体积),抗压强度降低4%~5%,抗折强度降低2%~3%。龄期增长后,含气量对混凝土强度的影响也将增大。

四、矿物掺合料

掺入一定量的矿物掺合料,可以有效改善和提高混凝土的工作性和耐久性。矿物掺合料一般分为活性和非活性两种。活性掺合料有粒化高炉矿渣、火山灰质混合材料、粉煤灰、硅灰等;非活性掺合料仅起填充作用,有石英砂、石灰石、砂岩、黏土等。一般活性矿物掺合料采用粉煤灰及粒化高炉矿渣比较多。

(1)粉煤灰。国内外大量研究表明,为有效改善混凝土抗化学侵蚀性能(如氯化物侵蚀、碱骨料反应、硫酸盐侵蚀),粉煤灰最佳替代量一般应在20%甚至以上。现行粉煤灰的分级标准是同时将烧失量、细度和需水量比作为分级的主要标准,实际上这样不利于发挥粉煤灰的效用。粉煤灰的品质主要由烧失量和需水量决定,而对细度不必苛求。一般来说,粉煤灰的烧失量越大,含碳量越高,混凝土的需水量就越大。用电收尘方法收取的粉煤灰细,所含玻璃微珠多,含碳量低,需水量小,但是产量很少。实际工程选用粉煤灰时,因条件限制不得不采用烧失量较大的粉煤灰时,必须经过混凝土拌和物性能和耐久性试验证明可行,且C50以下混凝土用粉煤灰的烧失量不得大于8%,C50以上混凝土用粉煤灰的烧失量不得大于5%。

(2)磨细矿渣粉。单独粉磨矿渣用于配制混凝土,可使磨细矿渣的细度至少达到和熟料相同。矿渣越细,活性越高。对于高细度的磨细矿渣,在一定的掺量范围内,混凝土的强度随掺量的增大而提高,但是混凝土的温升、化学收缩和自收缩也随着矿渣的掺量增加而增加。因此矿渣的掺量要适度,一般在10%~25%之间。

(3)硅灰。在水灰比不变的情况下,掺入硅灰可明显提高混凝土强度,但需水量随硅灰掺量而增加。硅灰对提高混凝土抗化学腐蚀性有显著效果。但是其高活性不仅不会降低混凝土的温升,反而使温升提前,不利于减少温度变形,并且会增大混凝土自收缩。硅灰的价格也比较贵,最好和其他需水量小的矿物掺合料混合使用。

其他一些矿物掺合料也具有较高的活性,并能提高混凝土抗侵入和抗化学侵蚀的能力,但大多数矿物掺合料有较大的需水性,因此掺量有限,为了避免自收缩和温度应力,也不宜磨得过细。根据现行矿物掺合料的品质水平情况,其氯离子含量必须控制在合理范围内。

五、拌和用水

（1）如果使用符合国家标准的饮用水作拌和用水可不经检验，使用其他来源的水作拌和用水时，水的品质要经过检验，符合标准规定才能用于混凝土。

（2）养护用水应符合规定，不得使用海水。

第三节　高性能混凝土技术性质

耐久的混凝土必须能抵抗风化作用、化学侵蚀、磨耗和其他破坏过程，这表示高性能混凝土不仅应有高强度，而且还应具有高刚度、体积变化小、不透水、氯离子难以渗透、高弹性模量、收缩徐变小、热应变小等特点。因此，高性能混凝土在组成和结构上与普通混凝土有所不同，与普通混凝土相比，高性能混凝土具有以下独特的性能：

（1）耐久性。高效减水剂和矿物质超细粉的配合使用，能够有效地减少用水量，减少混凝土内部的孔隙，能够使混凝土结构安全可靠地工作 50～100 年以上，是高性能混凝土应用的主要目的。

（2）和易性。坍落度是评价混凝土和易性的主要指标，若将坍落度控制好，则在振捣的过程中，高性能混凝土的黏性大，粗骨料的下沉速度慢，在相同振动时间内，下沉距离短，稳定性和均匀性好。同时，由于高性能混凝土的水灰比低，自由水少，且掺入超细粉，基本上无泌水，其水泥浆的黏性大，很少产生离析的现象。

（3）力学性能。由于混凝土是一种非均质材料，强度受诸多因素的影响，其中水灰比是影响混凝土强度的主要因素，对于普通混凝土，随着水灰比的降低，混凝土的抗压强度增大，高性能混凝土中的高效减水剂对水泥的分散能力强、减水率高，可大幅度降低混凝土每立方米用水量。在高性能混凝土中掺入矿物超细粉可以填充水泥颗粒之间的空隙，改善界面结构，提高混凝土的密实度及强度。

（4）体积稳定性。高性能混凝土具有较高的体积稳定性，即混凝土在硬化早期应具有较低的水化热，硬化后期具有较小的收缩变形。

（5）经济性。高性能混凝土较高的强度、良好的耐久性和和易性都能使其具有良好的经济性。高性能混凝土良好的耐久性可以减少结构的维修费用，延长结构的使用寿命，收到良好的经济效益；高性能混凝土的高强度可以减小构件尺寸，减小自重，增加使用空间；高性能混凝土良好的和易性可以减小工人工作强度，加快施工速度，减少成本。有学者研究发现，用 C100～C140 的高性能混凝土替代 C40～C60 的混凝土，可以节约 15%～25% 的钢材和 30%～70% 的水泥。虽然高性能混凝土本身的价格偏高，但是其优异的性能使其具有了良好的经济性。概括起来说，高性能混凝土就是能更好地满足结构功能要求和施工工艺要求的混凝土，能最大限度地延长混凝土结构的使用年限，降低工程造价。

高性能混凝土的配制特点是低水胶比、掺加高效减水剂和矿物细料，故从组成和配比来看，高性能混凝土还具有以下特点：

（1）水灰比（W/C）$\leqslant 0.38$。有研究证明，当水灰比 >0.38 时，水泥全部水化后，水泥石中含有水泥凝胶、凝胶水、毛细水和空隙。而毛细水在混凝土中是可以扩散渗透的，也就是说，

$W/C > 0.38$ 时,混凝土中有毛细管存在,抗渗性降低,耐久性降低。所以配制高性能混凝土时,应慎重选择水灰比,选择小的水灰比,从提高耐久性的角度讲是有利的。

（2）高效减水剂是降低混凝土水灰比的有效组分,也是高性能混凝土不可或缺的组成材料。为使混凝土具有良好的工作性能,高效减水剂除了具有高的减水率外,还应具有有效控制坍落度损失的功能。

（3）矿物掺合料是高性能混凝土的功能组分之一,它可以填充水泥的空隙,在相同的水胶比下,能提高混凝土的流动性,硬化后也能提高其强度。更重要的是能改善混凝土中水泥石与骨料的界面结构,使混凝土的强度、抗渗性与耐久性均得到提高。

（4）对高性能混凝土有抗冻或其他要求时,应掺加引气剂以及其他有关的外加剂,如阻锈剂等。

第四节　高性能混凝土设计

一、高性能混凝土的配制目标

1. 不同以往的设计思路

普通混凝土的配合比设计中,是按混凝土的强度等级要求计算水灰比并确定材料组成。而高性能混凝土,则以满足耐久性的要求来选择水胶比、控制胶凝材料最小用量以及掺合料的比例。

2. 胶凝材料用量及粉煤灰的比例

在进行配合比参数设计时,为保证混凝土的耐久性,混凝土中胶凝材料总量应处在一个适宜的范围,不仅有最低值限制要求,还有最高值限制要求,对于 C30 及以下混凝土,胶凝材料总量不宜高于 $400kg/m^3$,C35～C40 不宜高于 $450kg/m^3$。提倡使用粉煤灰、矿渣粉等矿物掺合料,与普通硅酸盐水泥一起作为胶凝材料。使用粉煤灰等矿物掺合料,并不是单纯地考虑降低混凝土成本,而是为了满足混凝土耐久性的需要,特别是可以有效改善混凝土抵抗化学侵蚀的能力(包括氯化物侵蚀、硫酸盐侵蚀、碱骨料反应等)。国内外的大量研究表明,粉煤灰的掺量在 20% 以上时,改善混凝土耐久性的效果较佳,更有研究资料表明,粉煤灰的最大掺量可达50% 左右。

3. 耐久性要求

（1）含气量

含气量的要求也是高性能混凝土与普通混凝土的重要区别之一。以往工程仅在有抗冻要求时才考虑适当提高混凝土的含气量。实际上,混凝土中适量的引气,不仅能改善抗冻性,同时可显著减轻混凝土的泌水性,使水在拌和物中的悬浮状态更加稳定,从而提高混凝土材料的均匀性和稳定性。为适当提高混凝土的含气量,并获得较佳的减水和保塑效果,可优先选用减水剂配制高性能混凝土。

（2）电通量

电通量是某些行业(如铁路行业)对混凝土耐久性最重要、最具体的指标。目前我国尚无电通量试验的国家标准,铁路行业电通量试验方法是以美国 ASTMC1202 快速电量测定方法为基础制定的,其所测指标可以最大程度地区分和评价混凝土的密实度,而密实度正是影响混凝土耐久性最为关键的因素。以往多是以抗渗性来评价混凝土的密实程度,但实践证明,抗渗试验只适合于判定较低强度等级混凝土的密实性,当强度等级超过 C30 后,抗渗等级几乎都能达到 P20 以上,再往下试验比较困难。这正是用电通量指标取代抗渗等级作为混凝土耐久性控制的主要原因。混凝土的电通量主要取决于水胶比,通过大量试验得到规律,一般水胶比小于 0.5 时基本可满足电通量小于 2000C 的要求,水胶比小于 0.45 时基本可满足电通量小于 1500C 的要求。

二、高性能混凝土配合比设计法则

根据高性能混凝土的特点,在配合比设计时应遵循以下法则:

(1)水灰比法则。混凝土的强度与水泥强度成正比,与水灰比成反比。水灰比一经确定,不能随意变动。这里的"灰"包括所有胶凝材料,也可称为水胶比。

(2)混凝土密实体积法则。可塑状态混凝土的总体积为水、水泥(胶凝材料)、砂、石的密实体积之和。这一法则是计算混凝土配合比的基础。高性能混凝土的胶凝材料中包含了密度不同的各组分,因此更应遵循这一法则。

(3)最小单位用水量或最小胶凝材料用量法则。在水灰比固定、原材料一定的情况下,使用满足和易性的最小加水量(即最小的浆体量),可得到体积稳定、经济的混凝土。

(4)最小水泥用量法则。为降低温升,提高混凝土抵抗环境因素侵蚀的能力,在满足混凝土早期强度要求的前提下,应尽量减少胶凝材料中的水泥用量。

三、高性能混凝土配合比的主要参数

高性能混凝土配合比的参数主要有水胶比、浆骨比、砂率和减水剂掺量。

1. 水胶比

水胶比(或水灰比)不仅极大地影响混凝土的强度,同时会极大地影响混凝土的抗渗性和耐久性,水灰比大的水泥石的毛细孔隙较大,渗透性增加,耐久性降低。《普通混凝土配合比设计规程》(JGJ 55—2011)中由于对耐久性有要求,规定了最大水灰比与最小水泥用量。对于高性能混凝土,为达到低渗透性以保证混凝土的耐久性,其水灰比不宜大于 0.35 ~ 0.40。有研究表明,硅酸盐水泥水化时,结合水约占水泥质量的 22%,即在目前所用水泥和高效减水剂的条件下,采用普通的拌和、浇筑和养护技术措施,最佳水灰比约为 0.22。水灰比小于 0.22,则水泥石达不到足够的密实度,因此高性能混凝土的水灰比取值范围应为 0.22 ~ 0.35。如陕西某大型工程采用 0.236 的水胶比,掺加 Ⅱ 级粉煤灰,配制出 C80 的泵送大流动性混凝土。

2. 浆骨比

水灰比确定以后,胶凝材料总量就反映了水泥浆和骨料的比例,即浆骨比。试验证明,高性能混凝土中水泥浆与骨料的体积比宜为 35/65。即为保证混凝土具有良好的流动性,要求有较大的胶凝材料总用量,但随着胶凝材料用量的增加,混凝土的弹性模量会有所下降,混凝土的收缩也会有所增加。通常,高性能混凝土的胶凝材料总量以不超过 $550kg/m^3$ 为宜,并随混凝土强度等级的下降而减少,但最少不能低于 $300kg/m^3$。此外由于水灰比较低,水泥用量较高时,高性能混凝土会有较高的水化热,温升较高,容易引起体积变形,产生温度裂缝。因而从技术性与经济性方面考虑,需要掺加辅助胶凝材料,以减少混凝土的温升和干缩,提高抗化学侵蚀的能力,增加密实度,并降低成本。一般以 10% ~30% 的混合材料取代水泥,可以单独掺加硅灰、矿渣、粉煤灰,也可以掺加硅灰与粉煤灰或硅灰与矿渣的混合物。

3. 砂率

在水泥浆用量一定的情况下,细骨料对混凝土配合比的影响比粗骨料更为显著,质量一定时,细骨料的表面积比粗骨料大得多,所有骨料的表面都需要有胶凝材料浆体包裹,因而砂的颗粒级配以及砂率的大小均对浆体的需要量有直接的影响。高性能混凝土胶凝材料用量较大,若细骨料用料较少,粗骨料用量较大,则可以减少浆体用量,比较经济,也可以获得较高的强度,故在和易性能满足施工要求的条件下,可以选择较小的适宜的砂率。研究表明,应用适当的粗骨料,水泥浆与骨料的体积比为 35/65 的条件下,可以制造出尺寸稳定性好的高性能混凝土,在粗骨料最大粒径为 12 ~19mm 时,推荐的砂率为 36% ~39%。通过对国外典型工程和实验室配合比的统计,发现对于 28d 抗压强度为 60 ~120MPa 的高性能混凝土,砂率大多在 34% ~44% 范围内;当强度为 80 ~100MPa 时,砂率主要集中在 38% ~42% 之间;且随混凝土强度的增高,砂率呈减小的趋势。如内蒙古某研究采用 0.36 的砂率,掺加 650m²/kg 的超细矿渣配制出 C80 的高性能混凝土。

4. 减水剂掺量

在上述低水灰比的条件下,要拌制大流动性混凝土是十分困难的,所以必须要应用高效减水剂。高效减水剂具有较强的分散作用,其减水率可以高达 30% 以上,在水泥用量大或水泥颗粒相对较细时,分散作用更为显著。高效减水剂的掺量一般以水泥质量的 1.0% 左右较为适宜,或者掺加 0.8% ~1.0% 的高效减水剂和 0.2% 左右的木质素磺酸钙,以适当控制混凝土的坍落度损失。当胶凝材料用量较大时,高效减水剂的掺量需要增加。

第五节 高性能混凝土施工质量控制

高性能混凝土质量控制的关键在于保证原材料和拌和物质量的稳定。应充分考虑施工过程中可能出现的各种情况,制订充分的预防措施,合理设置确保原材料和拌和物质量稳定的控制点,杜绝在施工过程中间随意更改既定施工方案和施工条件已经变化而施工措施一成不变的现象发生。控制要点包括以下几个方面:

(1) 高性能混凝土尽可能地采用大型搅拌站集中拌制。由于采用电子计量系统对各种原材料进行计量,整套设备自动化程度较高,受操纵人员人为影响较小,对混凝土配合比的要求执行得比较好,这样搅拌出的混凝土质量比较均匀且相对稳定,混凝土的耐久性也相对较好。原材料每盘称量偏差如下:水泥、矿物掺合料为 ±1%,粗、细骨料为 ±2%,外加剂、拌和用水为 ±1%。

(2) 加强对混凝土拌和物的检测控制。以往对混凝土拌和物出机及现场的指标一般只测定混凝土坍落度,观察混凝土的黏聚性和泌水情况。而现在却还要加测出机温度、含气量、入模温度、压力泌水率等指标,而且频率比较大(每拌制 50m³ 混凝土或每工作班至少测一次,温度则要求每工作班至少测 3 次),这就要求试验人员配备的量比普通混凝土施工的要多。

（3）骨料的级配粒径控制。

①细骨料应选用洁净的砂,最好是圆形颗粒的天然河砂,级配颗粒应符合Ⅱ区标准。

②粗骨料要按粒径分级堆放,严格按试验试配优化合成级配。任何新选料源或连续使用同料源、同品种、同规格的粗、细骨料达一年时,要进行全面检测。

（4）控制混凝土的各种温度。控制混凝土的各种温度主要是为了防止温差过大引起混凝土产生裂缝。

①混凝土温度控制的原则。升温不要太早和太高;降温不要太快;混凝土中心和表面之间、新老混凝土之间以及混凝土表面和大气之间的温差不要太大。温度控制的方法要根据气温（季节）、混凝土内部温度、构件尺寸、约束尺寸、约束情况、混凝土配合比等具体条件来确定。

②新旧混凝土浇筑面的温度控制。新浇混凝土与邻接的已硬化的混凝土或岩土介质间的温差不得大于15℃。这是因为新浇混凝土浇筑于已硬化混凝土表面时,由于两种混凝土的收缩不能同步,新浇混凝土往往由于收缩受到硬化混凝土的限制而产生开裂,这种现象在两种混凝土温差过大时更为明显。

③混凝土拆模的温度控制。混凝土拆模时,心部混凝土与表层混凝土之间的温差、表层混凝土与环境之间的温差均不得大于20℃（梁体心部混凝土与表层混凝土之间的温差、表层混凝土与环境之间的温差以及箱梁腹板内外侧混凝土之间的温差均不得大于15℃）。在炎热和大风干燥季节,应采取有效措施防止混凝土在拆模过程中开裂。

（5）混凝土的养护。混凝土养护要注意湿度和温度两个方面。养护不仅是浇水保湿,还要注意控制混凝土的温度变化。在湿养的同时,应该保证混凝土表面温度与内部温度和所接触的大气温度之间不出现过大的差异。采取保温和散热的综合措施,可以防止温度变化和温差过大。

混凝土的潮湿养护通常采用喷水或保水方法,或用湿沙土、湿麻袋覆盖。预制混凝土或寒冷天气中浇筑的混凝土通常用密封罩内送蒸汽的方法保持潮湿。在遮阳防晒条件下进行混凝土潮湿养护,比向混凝土外露面洒水养护更有效。密封薄膜养护（不透水塑料薄膜或养护剂形成的薄膜）在水源不足时是很好的保温养护手段,但应注意薄膜密封前混凝土表面必须处于饱水状态。

拆除模板或撤除保温防护后,如表面温度骤降,混凝土可能会产生龟裂。只有当混凝土任何部位的温度都处于逐渐下降的状态时,才能撤除防护。大体积混凝土不能降温过快,因为当混凝土内外存在温差时,表面骤冷的混凝土产生裂缝的可能性很大。

第二章 道面高强混凝土

第一节 概　述

高强混凝土,是用常规的水泥、砂石作原材料,使用常规的制作工艺,主要依靠外加高效减水剂,或同时外加一定数量的活性矿物材料,使拌和料具有良好的和易性,经过高水平施工质量控制,硬化后具有高强性能的水泥混凝土。

高强混凝土,以其抗压强度高、抗变形能力强、密度大、孔隙率低的优越性,在高层建筑结构、大跨度桥梁结构以及某些特种结构中得到广泛的应用。高强混凝土最大的特点是抗压强度高,故可减小构件的截面,因此最适宜用于高层建筑。试验表明,在一定的轴压比和合适的配筋率情况下,高强混凝土框架柱具有较好的抗震性能。柱截面尺寸减小,减轻了自重,也提高了经济效益。高强混凝土材料为预应力技术提供了有利条件,可采用高强度钢材和人为控制应力,从而极大地提高了受弯构件的抗弯刚度和抗裂强度。因此世界范围内越来越多地将施加预应力的高强混凝土结构应用于大跨度房屋和桥梁中。此外,利用高强混凝土密度大的特点,可用作建造承受冲击和爆炸荷载的建(构)筑物,如原子能反应堆基础等。利用高强混凝土抗渗性能强和抗腐蚀性能强的特点,可建造具有高抗渗性和高抗腐蚀性要求的工业用水池等。

一、高强混凝土强度等级

《普通混凝土配合比设计规程》(JGJ 55—2011)规定强度等级不低于C60级别的混凝土称为高强混凝土;《混凝土结构设计规范》(GB 50010—2010)则未明确区分普通混凝土或高强混凝土,只规定了钢筋混凝土结构的混凝土强度等级不应低于C15,混凝土强度等级范围为C15～C80。综合国内外对高强混凝土的研究和应用实践,以及现代混凝土技术的发展,将强度等级大于或等于C60的混凝土称为高强混凝土是比较合理的。它采用高性能的外加剂,如高效减水剂或者高性能引气剂、其他特种外加剂和掺入足够的超细活性混合材料,如超细磨粉煤灰、磨细矿粉、优质粉煤灰等达到低水胶比,并具有耐久性、体积稳定性和经济合理性等性能的新型混凝土。

二、高强混凝土特点

高强混凝土的重要特点是强度高、耐久性好、变形小,能适应现代工程结构向大跨、重载、高耸发展和承受恶劣环境条件的需要。用高效减水剂配制的高强混凝土一般具有坍落度大和早强的性能,因而便于浇筑和加快模板周转速度。

高强混凝土的抗压强度很高,能使钢筋混凝土柱子和拱壳等受压构件的承载能力大幅度增加,而在相同的荷载下则可使构件的截面减小。高强混凝土同样能给钢筋混凝土受弯构件带来很大好处,尽管提高混凝土强度并不能明显增加构件的抗弯能力,但是它能降低受弯构件截面的受压区混凝土高度,或者允许有较高的配筋率,进而通过提高配筋率来增加构件的抗弯能力或降低构件的截面高度。高强混凝土还由于变形较小,使构件的刚度得以提高,这对某些由变形控制截面尺寸的梁板来说特别有利。至于预应力钢筋混凝土构件,则能从高强混凝土获得三重好处,可以施加更大的预应力,可以更早地施加预应力,以及因徐变较小而导致较低的预应力损失。

对于结构物来说,减小截面尺寸意味着降低结构自重。当结构物自重占全部荷载的主要部分时,应用高强混凝土就有着特殊的意义,并且能减轻地基基础的负担。减小截面尺寸,对房屋建筑来说还意味着增加使用面积或有效空间;对桥梁建筑来说意味着增加桥下净空或降低两岸路堤高程;对地下建筑来说意味着减少岩土开挖量。另外,在工程中同时使用不同强度的混凝土,可以尽量统一构件尺寸,为统一加工施工模板提供了条件。所有这些间接的好处远比节约结构本身的材料用量或降低造价来得更为重要。

高强混凝土材料致密坚硬,抗渗、抗冻性能均优于普通强度混凝土。所以露天的、遭海水侵蚀的、受高速流体冲刷的或易遭碰撞损害的工程构筑物,均宜采用高强混凝土。尤其是基础设施工程,有的需要 100~120 年的使用寿命,所以常选用高强高性能混凝土作为结构材料。

但是,高强混凝土也有其不利条件和不足之处。首先是对各种原材料有严格的要求,并不是所有施工所在地都能获得合适的水泥和骨料;其次是生产施工的每一环节都要严格规划和检查,并不是所有预拌厂和施工现场都具有相应的质量管理水平。当不是采用预拌混凝土(商品混凝土),需要工地自行配制高强混凝土时,则需经过专门的试验和人员训练方可实现。

高强混凝土的质量特别容易受到生产、运输、浇筑和养护过程中环境因素的影响,尤其是过高的气温、远距离的运输以及水化热等问题更应引起注意。

在材料的性能上,高强混凝土的缺点是弹性比普通强度混凝土差,素混凝土的弹性随着强度增加而降低,但是材料的弹性与配筋构件或结构的弹性并不等同,通过适当的配筋构造措施,用高强混凝土制作的构件或结构的弹性同样可以满足设计要求。另外,高强混凝土的抗拉和抗剪强度虽然也随抗压强度的增长而增长,但抗拉或抗剪强度与抗压强度的比值却会随之降低,所以在讨论高强混凝土的力学性能时,如果只用抗压强度一个指标,并按普通混凝土的概念进行推论,有时就会出错。

高强混凝土的应用目前来说并不普遍,尤其超高强混凝土,基本属于试验研制阶段。高强混凝土在应用过程中也曾遇到过一些问题,比如在美国就曾引起过一些争议。应该承认,在高强混凝土领域中尚有不少有待探讨和改善的问题,因此在设计、生产和施工过程中都要慎重对待,特别是混凝土的强度等级达到 C80 以上时更要注意。

三、高强混凝土的发展及应用

从 20 世纪三四十年代以来,随着水泥品种的改善以及化学外加剂(如普通减水剂、引气剂等)的使用,工程中应用的混凝土强度稳步增长。世界范围内,到 20 世纪 60 年代,美国已有强度相当于我国目前强度等级为 C50~C60 的商品混凝土,在工程中大量应用的混凝土强度已达到相当于我国目前强度等级为 C30~C35 的商品混凝土。在此以前,也有少量工程的混凝土强度达到相当高的水平,如早在 20 世纪 40 年代,日本就曾有抗压强度达到 100MPa 的高强混凝土用于工程的报道。1960 年前后,我国也曾用抗压强度高达 100MPa 的混凝土在北京建成跨度为 18m 的预应力屋架,用于 6000m² 的工业厂房建筑,从而使屋架自重减轻了 40%。但是这些高强混凝土都是干硬性的,施工相当困难,无法普遍推广。作为现代工程结构中可以普遍应用的混凝土,应该具有工厂生产预拌混凝土的基本要求,具有良好的和易性,必要时可以泵送。美国在 20 世纪 60 年代通过应用普通减水剂和外加粉煤灰等技术,制出和易性较好的高强混凝土,但能达到的强度等级还比较低。如 1967 年在芝加哥建成的最早应用高强混凝土的高层建筑——Lake Point 塔楼,总高 197m,共 70 层,底层柱的混凝土强度相当于 C65,在同一时期美国还有用强度等级相当于 C70 的高强混凝土修建核电站工程的报道。

尽管普通减水剂也能用来制造强度较高的混凝土,但是高效减水剂的问世,才使高强混凝土技术跨入了一个新的时代。高效减水剂使混凝土的高强和高流态变得相当容易,使高强混凝土的广泛应用有了可能。

用高效减水剂配制普通施工工艺的高强混凝土是 1964 年在日本首先兴起的。到 20 世纪 70 年代末期,当时的日本工地已能获得强度相当于 C80 ~ C90 的高强混凝土。1972 年起德国等西欧国家也陆续应用高效减水剂,但更多的是用来配制流态混凝土而不是高强混凝土。大约从 1976 年起,北美一些国家才采用高效减水剂,并成功地配制出高强混凝土用于当时兴建的蒙特利尔奥林匹克体育馆的 5000 个预制构件中,以后则广泛地用于高层建筑中。近年来,美国和加拿大的工地已能获得强度等级相当于 C60 ~ C100,最高可达 C120 的高强混凝土。

四、高强混凝土在我国应用的情况

我国与发达国家土建行业的差距之一,是工程应用中的混凝土强度等级普遍低下。据报道,美国在 20 世纪 70 年代末期应用的混凝土强度平均已超过 40MPa,其中预应力构件已达 70MPa;俄罗斯近年来混凝土的平均强度超过 30MPa,并大量应用 50 ~ 60MPa 的混凝土;德国应用的混凝土强度为 30MPa 和 50MPa 各半;日本应用的混凝土强度多在 30MPa 以上;而我国曾长期大量采用的混凝土强度仅为 15 ~ 25MPa。至于高强混凝土,过去也只有在预制构件厂中有所应用,强度等级也较低。近十年左右,这种状况有了变化,具有良好和易性的高强混凝土已在高层工程中得到应用,其强度等级最高的已达 C60 ~ C70(现浇)和 C70 ~ C80(预制)的量级。

为了配制有良好和易性的高强混凝土,清华大学土木工程系在 20 世纪 70 年代初期首先在国内研制出 NF 高效减水剂,并投入生产。随后,我国铁路部门和建材部门的一些单位也相继研制成高效减水剂。高效减水剂的产品型号目前已有十种以上,为推广高强度混凝土创造了最基本的条件。近年来,中国铁道科学研究院、清华大学、上海建筑科学研究所等单位,对于高强混凝土材料的研究和开发做了大量的工作,许多高校和研究机构对高强混凝土的材性和配筋构件的性能做了大量的试验。1981 年清华大学和海军工程设计局完成的大跨拱形防护门工程项目,是用高效减水剂配制的高强混凝土在我国得到成功应用的一个范例。这种防护门高 22m,跨度 13m,单扇门重超过 200t,由于采用了 C75 现浇混凝土,使门的抗力比原设计提高了 51%,而门的造价仅增加 1%。

一直以来,高强混凝土在铁道系统相对应用得较多,铁路部门用 C50、C60 混凝土生产桥梁、轨枕以及电气化铁路的接触网支柱等预制构件每年已达 60 万～70 万 m^3,仅轨枕每年生产 800 万根,每年应用高效减水剂约 1800t。一些预制构件厂在高强混凝土应用方面已积累不少经验,如原铁道建设总公司房山桥梁厂自 1982 年,生产标号为 R50、R60(早期混凝土强度表示)的各种跨度的高强混凝土桥梁 1800 多孔,轨枕 260 万根,使用高效减水剂近千吨。原铁道部丰台桥梁厂生产标号为 R50、R60 的预应力桥梁和轨枕已有近 10 年的历史,其数量较房山桥梁厂更多。现在,40m 大跨度铁路预制桥梁采用标号为 R80 的混凝土已在铁道系统试验成功。一些著名的工程,如 1979 年动工的湘桂复线红水河大桥是一座预应力混凝土斜拉桥,主跨 96m,混凝土设计标号为 R80,实际达到 R60 以上。又如 1987 年建成的衡广复线的武水大桥,全长 273.8m,共 7 跨,主跨 64m,其中 3 跨为预应力钢筋混凝土箱形连续梁,施工时拌和料坍落度达 13～16cm,其 28d 立方体强度平均为 63MPa,最高的一组达 72MPa。

在公路桥梁方面,高强混凝土的应用也日趋增多,1982 年建造的广东省东莞中堂大桥,主跨为 45m 的等截面预应力连续梁,其 28d 抗压强度的平均值为 66.9MPa,最高达 77.5MPa,半年抗压强度最高达 81.6MPa。1987 年建造的主跨跨径 180m 的广东省洛溪大桥,全长 1916.04m,施工时拌和料坍落度为 10～12cm,其 28d 平均抗压强度达 60.1MPa。1990 年建成的京津塘高速公路凉水河大桥,为现场预制 20m 跨度的预应力 T 形梁,混凝土 3d 强度达 53MPa。天津西青道立交桥建设中,跨度为 30m + 43m + 34m 的预应力箱形连续梁,由于采用 C60 混凝土取得重大效益。

在房屋结构方面,高强混凝土的应用也有了良好的开端。1988 年在沈阳建成的 18 层辽宁省工业技术交流馆,首次在高层建筑的柱子中采用了 60MPa 混凝土。此后,沈阳又有 5 幢高层和多层建筑采用了 C50～C60 混凝土。1889 年北京新世纪饭店 35 层高的客房楼底层柱子采用了 C60 混凝土。1990 年北京四川饭店也局部应用了 C60 混凝土。上海建筑工程材料公司、清华大学土木工程系和上海市第一建筑工程公司合作,于 1990 年 8 月在上海海伦宾馆工程和 1990 年 9 月在上海新新美发厅工程上成功地进行了泵送 C50～C60 高强混凝土的工程实践,目前泵送高强混凝土技术已普遍推广。目前,我国高层建筑中使用 C60 混凝土已经非常普遍。

此外,国内的混凝土输水管也已比较广泛地使用 C60 混凝土。离心法生产的预应力管桩已用到 C80 混凝土,广州南方管桩厂、番禺水泥制品厂等不少单位均生产该类管桩。除在广州、深圳、珠海等工程应用外,还远销香港、澳门等地。

第二节　高强混凝土组成材料和配合比

高强混凝土的原材料包括水泥、砂、石、外加剂(高效减水剂及其复合剂)和外掺矿物活性材料,后者如粉煤灰、硅粉、高炉炉渣、矿粉等。矿物活性材料能替代部分水泥。除硅粉外,这些掺料的价格一般比水泥便宜得多,使用后能够减少水化热,减小水泥浆中的孔隙,减轻碱集料反应,从而能改善混凝土拌和料的和易性和硬化后混凝土的强度与耐久性。另外还能提高混凝土抗硫酸盐等化学腐蚀的能力。我国在高强混凝土的配制中往往不加任何矿物活性材料,而少数工程则掺加少量硅粉来进一步提高混凝土的强度和耐久性。国外的经验表明,为了配制高质量的高强混凝土,掺加矿物材料与外加高效减水剂具有同样的好处。

一、高强混凝土组成材料

(一)水泥

水泥是影响混凝土强度的主要因素,配制高强度混凝土,应采用矿物组成合理、细度合格的高强度水泥,一般宜优先选取强度等级不低于 42.5 的硅酸盐水泥或普通硅酸盐水泥。之所以对细度特别要求是因为水泥磨的越细,比表面积就越大,水化反应越充分,早期强度就越高。但要注意的是细度不宜过高,否则会造成水化热过大,导致混凝土内部产生裂缝,反而降低混凝土后期强度和耐久性,也可采用矿渣水泥等。强度等级选择一般为:C50 ~ C80 混凝土宜用强度等级 52.5 或以上;C80 以上选用更高强度的水泥。$1m^3$ 混凝土中的水泥用量要控制在 500kg 以内,且尽可能降低水泥用量。水泥和矿物掺合料的总量不应大于 $600kg/m^3$。

(二)骨料

1. 粗骨料

粗骨料在混凝土的结构中主要起骨架作用,骨料的性能对于高强度混凝土的抗压强度能起到决定性作用。对于高强度混凝土,粗骨料的抗压强度、表面特征、最大粒径、杂质含量等对其强度有着重要的影响。石子宜选用碎石,最大骨料粒径一般不宜大于 25mm;对强度等级大于 C80 的混凝土,最大粒径不宜大于 20mm,含泥量不应大 1.0%;对强度等级大于 C100 的混凝土,含泥量不应大于 0.5%。

(1)抗压强度

为了制备高强度混凝土,要优先选取质地坚硬的碎石,以免粗骨料发生破坏。在试配混凝土之前,应合理确定粗骨料的抗压强度,其强度可用压碎值或岩石立方体强度来测定。碎石的压碎指标值一般应小于 12%。抗压强度不应小于要求配制的混凝土抗压强度的 1.5 倍。所以,在选料时最好是采用强度较高的岩类作骨料。

(2)表面特征

在混凝土初凝时,水泥砂浆与粗骨料的黏结受骨料表面特征的影响较大。一般应选取近似立方体形的碎石,其表面粗糙、多棱角,这样也提高了混凝土的黏结性能,从而提高了混凝土的抗压强度,另外要严格控制针片状颗粒含量及含泥量。

(3)最大粒径

对于中、低强度混凝土,适当增加骨料粒径对混凝土强度有利,但对于高强度混凝土则可能导致强度下降。在混凝土拌和物中,相同质量的大粒径骨料比小粒径骨料表面积要小,其与砂浆的黏结面积相应要小,则黏结力要低,且混凝土的工作性差,所以大粒径骨料很难配制出高强度混凝土。对强度等级为 C60 的混凝土,其粗骨料的粒径不应大于 31.5mm;对强度等级高于 C60 的混凝土,其粗骨料的粒径最大不应超过 25mm,采用标准为 0.5 ~ 1cm 或 0.5 ~ 1.5cm 规格的骨料最适宜。

(4)级配

骨料的级配要符合要求,且骨料的空隙要小,通常采用两种规格的石子进行掺配。如 5 ~ 31.5mm 连续级配采用 5 ~ 16mm 和 16 ~ 31.5mm 两种规格的碎石进行掺配。5 ~ 25mm 连续级配采用 5 ~ 16mm 和 10 ~ 25mm 两种规格的碎石进行掺配。掺配时符合级配要求的范围内,可能有两种或三种符合级配范围要求的掺配方案,选取其中堆积密度较大者使用,因堆积密度大则结构密实空隙率小。

2.细骨料

砂的好坏,对C60以上混凝土和易性的影响比粗骨料要大。一般应优先选取级配良好、含泥量少、石英颗粒含量较多的江砂或河砂。砂的细度模数最好在2.6~3.1的范围内,当细度模数<2.6时,拌制的混凝土拌和物会显得黏稠,施工中难以振捣。另外如果砂子过细,在满足拌和物和易性要求时,就会增大水泥用量。砂也不宜太粗,细度模数在3.1以上时,容易引起新拌混凝土在运输浇筑过程中离析及保水性能差,从而影响混凝土的内在质量及外观质量。

(三)水

饮用水一般可不经试验直接使用,其他拌制混凝土用水和养护用水均应符合规范规定。

(四)掺合料

1.硅粉

硅粉是生产硅铁时产生的烟灰,故也称硅灰,是高强混凝土配制中应用最早、技术最成熟、应用较多的一种掺合料。硅粉中活性 SiO_2 含量达90%以上,比表面积达 $15000m^2/kg$ 以上,火山灰活性高,且能填充水泥的空隙,从而极大地提高混凝土密实度和强度。硅灰的适宜掺量为水泥用量的5%~10%。

研究表明,硅粉对提高混凝土强度十分显著,当外掺6%~8%的硅灰时,混凝土强度一般可提高20%以上,同时可提高混凝土的抗渗、抗冻、耐磨、耐碱骨料反应等耐久性能。但硅灰对混凝土也带来不利影响,如增大混凝土的收缩值、降低混凝土的抗裂性、减小混凝土流动性、加速混凝土的坍落度损失等。

2.磨细矿渣

通常将矿渣磨细到比表面积 $350m^2/kg$ 以上,从而使混凝土具有优异的早期强度和耐久性。掺量一般控制在20%~50%。矿粉的细度越大,其活性越高,增强作用越显著,但粉磨成本也大大增加。与硅粉相比,增强作用略差,但其他性能优于硅粉。

3.优质粉煤灰

一般选用Ⅰ级粉煤灰,利用其内含的玻璃微珠润滑作用,降低水灰比,以及细粉末填充效应和火山灰活性效应,提高混凝土强度和改善综合性能。掺量一般控制在20%~30%。Ⅰ级粉煤灰的作用效果与矿粉相似,且对混凝土的抗裂性优于矿粉。

4.沸石粉

天然沸石含大量活性 SiO_2 和微孔,磨细后作为混凝土掺合料能起到微粉填充和火山灰活性作用,比表面积 $500m^2/kg$ 以上,能有效改善混凝土的黏聚性和保水性,并增强了内养护,从而提高混凝土的后期强度和耐久性,掺量一般为5%~15%。

5.偏高岭土

偏高岭土是由高岭土在700~800℃条件下脱水制得的白色粉末,平均粒径为1~2μm,SiO_2 和 Al_2O_3 含量在90%以上,特别是 Al_2O_3 含量较高。在混凝土中的作用机理与硅粉及火山灰相似,除了微粉的填充效应和对硅酸盐水泥的加速水化作用外,主要是活性 SiO_2 和 Al_2O_3

与 $Ca(OH)_2$ 作用生成 CSH 凝胶和水化铝酸钙(C_4AH_{13} 、 C_3AH_6)、水化硫铝酸钙(C_2ASH_8)。由于其极高的火山灰活性,故有超级火山灰之称。

研究表明,掺入偏高岭土能显著提高混凝土的早期强度和长期抗压强度、抗弯强度及劈裂抗拉强度。由于高活性,偏高岭土对钾、钠和氯离子的强吸附作用和对水化产物的改善作用,能有效抑制混凝土的碱—骨料反应和提高抗硫酸盐腐蚀能力。有研究结果表明,随着偏高岭土掺量的提高,混凝土的坍落度将有所下降,因此需要适当增加水或高效减水剂的用量。另有研究结果表明,混凝土中掺入高活性偏高岭土能有效改善混凝土的冲击韧性和耐久性。

我国《高强高性能混凝土用矿物外加剂》(GB/T 18736)明确规定了用于高强高性能混凝土有矿物外加剂的技术性能要求。

(五)外加剂

配制高强混凝土时最常用的为高效减水剂,高效减水剂实际减水率可达 25% 左右,掺入混凝土后,可以提高混凝土的流动性,改善混凝土的和易性,提高混凝土的抗压、抗弯性能,同时降低水泥用量,减少工程成本。但掺高效减水剂的混凝土的坍落度损失一般较快,所以施工时宜采用二次掺入法或掺入相应的缓凝剂,以减少坍落度损失。

为改善混凝土的施工和易性及提供其他特殊性能,也可同时掺入引气剂、缓凝剂、防水剂、膨胀剂、防冻剂等。掺量可根据不同品种和要求根据需要选用。

二、高强混凝土的配合比设计

(一)高强混凝土配合比计算

高强混凝土配合比设计理论尚不完善,一般可遵循下列控制原则进行。

1. 水灰比(W/C)

普通混凝土配合比设计中的鲍罗米公式对 C60 以上的混凝土已不适用,但水灰比仍是确定混凝土强度的主要因素,目前尚无完善的公式可供选用,故配合比设计时通常根据设计强度等级、原材料和经验确定水灰比。

2. 用水量和水泥用量

普通水泥中用水量根据坍落度要求、骨料品种、粒径选择。高强度、高性能混凝土可参考执行,当由此确定的用水量导致水泥或胶凝材料总用量过大时,可通过调整减水剂品种或掺量来降低用水量或胶凝材料用量。也可以根据强度和耐久性要求,首先确定水泥或胶凝材料用量,再由水灰比计算用水量,当流动性不能满足设计要求时,再通过调整减水剂品种或掺量加以调整。

3. 砂率

对泵送高强混凝土,砂率的选用要考虑可泵性要求,一般为 34%~44%,在满足施工工艺和施工和易性要求时,砂率宜尽量选小些,以降低水泥用量。从原则上来说,宜通过试验和计算确定最优砂率。

4. 高效减水剂

高效减水剂的品种选择原则,除了考虑减水率多少外,还要考虑对混凝土坍落度损失、保水性和黏聚性的影响,更要考虑对强度、耐久性和收缩的影响。

减水剂的掺量可根据减水率的要求,在允许掺量范围内,通过试验确定。但一般不宜因减水的需要而超量掺用。

5.掺合料

其掺量通常根据混凝土性能要求和掺合料品种性能,结合原有试验资料和经验选择并通过试验确定。

其他设计计算步骤与普通混凝土基本相同。

(二)试拌调整

对计算所得的配合比结果要通过试配、试拌来验证。拌制高强混凝土必须使用强制式搅拌机,振捣时要高频加压振捣,保证拌和物的密实。要注意试拌量应不小于拌和机额定量的 1/4,混凝土的搅拌方式及外加剂的掺法,宜与实际生产时使用的方法一致。对试拌得出的拌和物要进行实测和仔细观察,检验坍落度是否满足要求,观察黏聚性和保水性是否良好。试拌得出的拌和物坍落度不能满足要求或黏聚性和保水性不好时,应保证水灰比不变的条件下,调整用水量和外加剂的掺量或调整砂率,用水量调整的幅度不宜过大,因高强混凝土的水灰比低,用水量的增加会使水泥用量也大幅度增加。如通过以上调整,混凝土拌和物仍不能满足施工工艺、性能要求,则要考虑重新选择水泥或外加剂。

(三)配合比的确定

当拌和物实测密度与计算值之差的绝对值不超过计算值 2% 时,可不调整;大于 2% 时,按《普通混凝土配合比设计规程》(JGJ 55—2011)规定进行相应的调整。混凝土配合比确定后,应对配合比进行不少于 6 次的重复试验进行强度验证,其平均值不应低于要求配制的强度值,确保其稳定性。

高强混凝土的配制技术要求较严格,对各种原材料质量和用量均有较严格要求。要想获得优质的高强混凝土,首先必须对原材料进行优选,除了要求有良好的性能指标外,还必须质量稳定,即在施工期内主要性能不能产生较大波动。其次,一些在普通情况下不太敏感的因素,在低水灰比的情况下会变得相当敏感,这就要求在配合比设计时必须对各种原材料及外加剂的用量合理选取、仔细计算。最后,设计结果一定要进行试拌验证,确保在实际施工时拌和物的工作性满足实际要求。

第三节　道面高强混凝土性能

高性能混凝土是今后的发展趋势。高性能包括高强度、高耐久性、高韧性、高工作性、高匀质性。空军工程大学对机场道面高强混凝土进行的研究,是利用现有混凝土施工条件,研究配制抗折强度在 5.0MPa 以上并具有良好耐久性能的道面混凝土,以提高道面承载能力,延长道面使用寿命,减少使用期限内的维修,节省工程投资,降低维修费用。

空军工程大学研究配制高强道面混凝土强度的同时,也测试了其耐久性,发现耐久性随强度的提高也有大幅度的提高。这是因为所采取的提高强度的措施明显改进了混凝土的内部结构,尤其是改善了粗骨料和水化水泥浆之间的界面,即过渡区的结构,所以这些措施不仅提高了混凝土的强度也提高了混凝土的耐久性。并由于粉煤灰等矿物外掺料有抑制碱骨料反应的作用,掺粉煤灰等矿物外掺料的高性能混凝土有很好的抗腐蚀能力。配制高强道面混凝土主要采取的措施是:采用低的水胶比;对组成材料品质严格要求;除传统材料之外掺用具有活性的矿物掺料、高效减水剂以改善混凝土内部结构;施工中称量准确、搅拌均匀并尽量采用砂浆裹石方法。

一、机场道面高强混凝土强度分级

美国联邦公路局(FHWA)制订了用于公路结构物的高性能混凝土的性能分级,采用 8 个性能指标,将 HPC 分为 4 个等级,见表 2-1。

高性能结构混凝土性能分级 表 2-1

工 作 特 性	HPC 性能分级(FHWA)			
	1	2	3	4
冻融耐久性(X 为 300 次后相对动弹模量,%)	$60 \leqslant X \leqslant 80$	$X \geqslant 80$		
抗表面剥落(X 为 50 次循环后表面目估)	$X = 4.5$	$X = 2.3$	$X = 0.1$	
抗磨耗(X 为平均磨耗深度,mm)	$2.0 > X \geqslant 1.0$	$1.0 > X \geqslant 0.5$	$0.5 > X$	
氯化物渗透(X 为渗透量,C)	$3000 \geqslant X > 2000$	$2000 \geqslant X > 800$	$800 \geqslant X$	
强度(X 为抗压强度,MPa)	$41 \leqslant X < 55$	$55 \leqslant X < 69$	$69 \leqslant X < 97$	$X \geqslant 97$
弹性模量(X 为弹性模量,GPa)	$28 \leqslant X < 40$	$40 \leqslant X < 50$	$50 \leqslant X$	
收缩(X 为微应变,$\mu\varepsilon$)	$800 > X \geqslant 600$	$600 > X \geqslant 400$	$400 > X$	
徐变(X 为微应变/单位应力,$\mu\varepsilon$/MPa)	$75 \geqslant X > 60$	$60 \geqslant X > 45$	$45 \geqslant X > 30$	$30 \geqslant X$

其中,4 个等级的抗压强度 X(MPa)分别为 $41 \leqslant X < 55$,$55 \leqslant X < 69$,$69 \leqslant X < 97$,$X \geqslant 97$。空军工程大学将机场道面高强混凝土分为三个等级,具体情况见表 2-2。

高强道面混凝土分级 表 2-2

分 级	抗折强度(MPa)	平均抗折强度(MPa)	平均抗压强度(MPa)
1 级	5.0 ~ 6.0	5.6 ~ 6.7	45 ~ 55
2 级	6.5 ~ 7.5	7.2 ~ 8.4	60 ~ 70
3 级	8.0 ~ 10.0	9.0 ~ 11.2	75 ~ 95

二、1 级 A 高强道面混凝土强度与和易性

研究结果见表 2-3。

1 级 A 高强道面混凝土强度与和易性 表 2-3

W/C	水泥 C (kg/m³)	木钙用量 (kg/m³)	混凝土抗折强度(MPa)		混凝土抗压强度(MPa)		VB 稠度 (s)
			组数	平均值	组数	平均值	
0.40	350	1.0	1	6.15	1	53.2	14
0.42	328	1.0	1	5.93	1	52.9	15
0.44	320	—	2	5.77	2	52.4	15

W/C	水泥 C （kg/m³）	木钙用量 （kg/m³）	混凝土抗折强度（MPa）		混凝土抗压强度（MPa）		VB 稠度 （s）
			组数	平均值	组数	平均值	
0.44	330	—	5	5.83	5	49.5	15
0.46	310	—	7	5.40	7	44.1	20

注：1. W/C—0.46 为对比用普通道面混凝土。

2. 水泥 28d 抗折强度为 8.5MPa。

3. 粗骨料粒径为 5~40mm。

在不掺用粉煤灰、减水剂，仅通过降低 W/C、增加水泥用量、改善骨料品质来提高道面混凝土强度的情况下，可采用 1 级 A 高强道面混凝土（平均抗折强度范围为 5.6~6MPa），抗折强度接近 6.0MPa。但是 1 级 A 高强道面混凝土的强度、耐久性均不如 1 级 B（平均抗折强度范围为 6~6.7MPa），所以只要条件允许应采用 1 级 B 高强道面混凝土。

在 1 级 A 高强道面混凝土的配合比中（表 2-3），W/C 为 0.44，水泥用量 320~330kg/m³ 的配合比可以达到要求。其余两个配合比进一步降低 W/C，需掺用减水剂或增加较多的水泥，而强度上升并不明显。

三、1 级 B 高强道面混凝土强度与和易性

研究结果见表 2-4。

1 级 B 高强道面混凝土强度与和易性 表 2-4

水灰比 W/C	水胶比 $W/(C+F)$	水泥 C （kg/m³）	粉煤灰 Pfa （kg/m³）	混凝土抗折强度（MPa）		平均抗压强度 （MPa）	VB 稠度 （s）
				组数	平均值		
0.42	0.33	370	100	2	7.01	63.2	19
0.44	0.34	340	100	2	6.90	61.6	16
0.46	0.35	320	100	2	7.10	62.8	22
0.48	0.36	300	100	2	6.64	61.6	24
0.50	0.38	280	93	4	7.06	62.0	27

注：1. 水泥 28d 抗折强度为 8.5MPa。

2. 粗骨料粒径为 5~40mm。

1 级 B 高强道面混凝土的特点是掺加了矿物外掺料，未掺减水剂，要求组成材料品质完全符合标准。抗折强度可达 6.5~7.0MPa，材料费用基本不增加，适合当前推广应用。

四、2 级高强道面混凝土强度与和易性

研究结果见表 2-5。

2 级高强道面混凝土强度与和易性 表 2-5

水灰比 W/C	水胶比 $W/(C+F)$	水泥 C （kg/m³）	粉煤灰 Pfa （kg/m³）	木钙 （kg/m³）	混凝土抗折强度（MPa）		平均抗压强度 （MPa）	VB 稠度 （s）
					组数	平均值		
0.40	0.32	400	100	—	1	7.57	68.6	10.5
0.40	0.32	400	100	—	2	7.46	66.4	20
0.40	0.30	360	120	1.08	3	8.0	76.2	15

水灰比 W/C	水胶比 $W/(C+F)$	水泥 C （kg/m³）	粉煤灰 Pfa （kg/m³）	木钙 （kg/m³）	混凝土抗折强度（MPa）		平均抗压强度 （MPa）	VB 稠度 （s）
					组数	平均值		
0.38	0.304	400	100	—	2	7.65	67.4	25
0.36	0.288	400	100	—	2	7.53	70.7	50,37
0.35	0.28	471	118	—	1	8.43	73.0	15
0.35	0.28	457	114	—	1	8.10	69.3	46
0.35	0.28	463	116	—	2	8.14	69.6	24

注：粗骨料粒径为 5～40mm。

　　2 级高强道面混凝土的特点是低水胶比，同时掺用矿物外掺料和普通减水剂，要求使用 P.O52.5R，使用品质好的骨料，抗折强度可达 8.0MPa 左右，适合于重要工程使用，并要求由水平较高的施工单位施工。

五、3 级高强道面混凝土强度与和易性

研究结果见表 2-6。

3 级高强道面混凝土强度与和易性　　　　　　表 2-6

水灰比 （W/C）	水胶比 $W/(C+F)$	水泥 C （kg/m³）	粉煤灰 Pfa （kg/m³）	硅灰 CSF （kg/m³）	萘系高效成水剂 FDN （kg/m³）	混凝土抗折强度（MPa）		平均抗压强度 （MPa）	VB 稠度 （s）
						组数	平均值		
0.30	0.234	480	135	—	6.15	1	11.3	92.0	7
0.30	0.234	480	135	—	6.15	1	10.3	89.3	7
0.28	0.218	500	141	—	6.41	1	10.3	87.7	11
0.28	0.218	500	141	—	6.41	5	10.9	96.0	11
0.34	0.257	360	114	—	4.74	2	10.3	98.7	18
0.30	0.266	500		56	5.56	1	10.67	95.0 *	12
0.30	0.266	500		56	5.56			99.1 *	12
0.28	0.254	500		56	6.41			102.3 *	14

注：1. 水泥 28d 抗折强度为 9.0MPa。

　　2. 粗骨料粒径为 5～20mm。

　　3. 抗压强度测试时偏心，强度较小。

　　4. * 抗压强度试件尺寸为 10cm×10cm×10cm。

　　3 级高强道面混凝土与 2 级高强道面混凝土相比，特点是采用高效减水剂和掺合料，并将粗骨料最大粒径从 40mm 减小到 20mm，水胶比进一步减小，抗折强度达到 10MPa 左右，适合于重要工程使用，并要求由高水平的施工单位施工。

六、机场道面高强混凝土耐久性

　　根据研究结果提出了三个级别高强道面混凝土有代表性的配合比，可供实际应用时参考（表 2-7）。

　　1. 抗冻性

　　试验按标准进行测定，28d 抗压强度为 60MPa。

高强道面混凝土配合比　　　　表 2-7

结果对比	水灰比 W/C	水胶比 $W/(C+F)$	水泥 C（kg/m³）	粉煤灰 Pfa（kg/m³）	木钙（kg/m³）	萘系高效减水剂 FDN（kg/m³）	粗骨料粒径（mm）
1 级 A	0.44	—	330 ~ 320	—	—	—	5 ~ 40
1 级 B	0.50	0.38	280	93	—	—	5 ~ 40
2 级	0.40	0.30	360	120	1.08	—	5 ~ 40
3 级	0.34	0.257	360	114	—	4.74	5 ~ 20

冻融循环 200 次后抗压强度为 73.4MPa，同龄期对比试件抗压强度为 76.2MPa。冻融循环 200 次后，强度损失 3.8%，质量损失 0.12%，均显著低于标准规定的上限 25%、5%，说明高强道面混凝土具有良好的抗冻性。

2. 耐磨性

经实测，1 级高强道面混凝土磨耗损失为普通道面混凝土的 40% ~ 68%，2 级为 27%，3 级为 11% ~ 12%（表 2-8）。

高强道面混凝土具有良好的耐磨性，对于保持道面表面良好的粗糙度和平整度，延长使用寿命有实际意义。

研究结果见表 2-8。

高强道面混凝土耐磨试验结果　　　　表 2-8

普通道面混凝土（对比）	水灰比 W/C	水胶比 $W/(C+F)$	抗折强度 f_f（MPa）	磨耗质量损失(g)（3 个试件平均值）	相对磨耗（%）
	0.46	—	5.40	9.2	100
1 级 A	0.44	—	5.83	6.3	68
1 级 B	0.50	0.38	7.06	3.6	40
2 级	0.40	0.30	8.0	2.5	27
3 级 A	0.30	0.234	10.8	1.1	12
3 级 B	0.28	0.218	10.89	1.0	11

3. 抗渗性——氯离子渗透试验

（1）采用快速测试方法——将混凝土试件（直径 100mm，厚 55mm 的圆柱体）一端浸在 NaCl 溶液中，另一端浸在 NaOH 溶液中，试件的两端保持 60V 直流电位差，记录 6h 内通过试件的电量（C），以该电量的大小评价混凝土抗 Cl^- 渗透的能力，评价指标范围见表 2-9。

由通过电量评价混凝土的 Cl^- 渗透性　　　　表 2-9

通过电量（C）	混凝土 Cl^- 渗透性	通过电量（C）	混凝土 Cl^- 渗透性
>4000	高	100 ~ 1000	很低
2000 ~ 4000	中	<100	可忽略
1000 ~ 2000	低		

（2）试验结果见表 2-10。

（3）由表 2-10 可见，高强道面混凝土具有很强的抗 Cl^- 离子渗透能力，其 Cl^- 渗透性属

"很低"档次(仅1级A属"低"档次)。而普通道面混凝土属"中"档次。

1级B高强道面混凝土[$W/(C+F)$为0.38]通过混凝土的电量为普通道面的25%,2级为15%~18%,3级为8%~12%。

高强道面混凝土抗氯离子渗透试验结果　　　　　　　表2-10

普通道面混凝土(对比)	水灰比 W/C	水胶比 $W/(C+F)$	通过混凝土电量(C)	混凝土 Cl^- 离子渗透
	0.46	—	2425	中
1级A	0.44	—	1754	低
1级B	0.50	0.38	631	很低
2级	0.40	0.30	410	很低
3级A	0.30	0.234	293	很低
3级B	0.28	0.218	208	很低

混凝土抗 Cl^- 渗透能力强,说明其抗渗性好,从而明显提高混凝土的耐久性、抗蚀性。此外,很重要的一个方面是,混凝土抗 Cl^- 渗透能力强,可以保护混凝土内的钢材不会锈蚀,从而使混凝土道面保持正常的承载能力。道面板接缝处常设置拉杆、传力杆,以保证按设计要求传荷和保持道面板的正常位置。如果拉杆、传力杆锈蚀,就会发生膨胀,使得混凝土发生裂缝,拉杆、传力杆与混凝土的黏结力降低以致丧失,从而使道面边角承载能力明显降低,加速道面的破坏。可见混凝土抗 Cl^- 渗透能力是混凝土耐久性很重要的指标。

4.变形性能——干缩

道面板表面积很大,施工又多在夏季,水分极易蒸发,在蒸发初期,失去的是较大孔隙(>50nm)中的水分,不会引起收缩,此后如不及时防止水分蒸发,则混凝土内部水化水泥浆体中的吸附水、层间水蒸发,将会引起混凝土的收缩,当表层收缩受到下层的限制时,就会引起收缩应力。当收缩值较大时会引起收缩裂纹。

高强道面混凝土 W/C 或 $W/(C+F)$ 较低,内部结构致密,是减少干缩的有利因素,但其胶凝材料用量较多、骨料用量较少则可能成为增加干缩的因素。

对高强道面混凝土与普通道面混凝土的干缩进行了实测。实测结果,180d龄期,高强道面混凝土收缩318με,普通道面混凝土收缩343με,两者基本处于同一档次,干缩都较小,如施工得当,不会引起收缩裂纹(表2-11)。

道面混凝土收缩试验结果　　　　　　　表2-11

项　目	收缩值(με)					
	1d	3d	7d	14d	28d	45d
高强道面混凝土	25	52	100	160	195	238
普通道面混凝土	30	49	87	117	209	243
项　目	收缩值(με)					
	60d	90d	120d	150d	180d	210d
高强道面混凝土	265	275	288	304	318	322
普通道面混凝土	269	279	301	313	343	356

注:1.高强道面混凝土 $W/C=0.52$, $W/(C+F)=0.40$,28d平均抗折强度为6.83MPa,平均抗压强度为55.4MPa。

2.普通道面混凝土 $W/C=0.46$,未掺粉煤灰(Pfa),28d平均抗折强度为5.40MPa,平均抗压强度为44.1MPa。

5. 抗折弹性模量

高强道面混凝土的抗折弹性模量 E,经实测,1 级为 $4.30 \times 10^4 \text{MPa}$,2 级为 $4.84 \times 10^4 \text{MPa}$,3 级为 $4.60 \times 10^4 \text{MPa}$。其中 3 级高强道面混凝土 E 值偏低的原因可能是其粗集料粒径为 $5 \sim 20\text{mm}$,较小。

第四节　道面高强混凝土施工质量控制

混凝土的生产和施工在很大程度上决定了混凝土的性能。加料顺序是否正确,拌和是否彻底、均匀,运输与搬运过程中混凝土拌和物是否离析,振捣是否密实,养护是否充分等均是影响高强混凝土质量的重要因素。

(1)搅拌。混凝土原材料应严格按照施工配合比要求进行准确称量,称量最大允许偏差应符合下列规定(按重量计):胶凝材料(水泥、掺合料等)为 ±1%;外加剂为 ±1%;骨料为 ±2%;拌和用水为 ±1%。应采用电子计量系统计量原材料,并且要增加原材料质量变化的检查次数。炎热季节或寒冷季节搅拌混凝土时,必须采取有效措施控制原材料的温度,以保证混凝土入模温度符合规定要求。

(2)运输。应采取有效措施保证混凝土在运输的过程中保持各项和易性能指标不发生明显的波动。应对运输设备采取保温隔热措施,防止局部混凝土温度升高(夏季)或受冻(冬季)。且应采取适当措施防止水分进入运输容器或蒸发。

(3)浇筑。高强混凝土入模前,应采用专用检测设备测定混凝土的温度、坍落度、含气量、水胶比及泌水等工作性能;只有拌和物性能符合设计要求或配合比要求的混凝土方可入模浇筑。高性能混凝土浇筑时的自由倾落高度不得大于 2m,当大于 2m 时,应采用滑槽、串筒、漏斗等器具辅助输送混凝土,保证混凝土不出现分层离析现象。混凝土的浇筑应采用分层连续推移的方式进行,间隙时间不得超过 90min,不得随意留置施工缝。新浇混凝土与邻接的已硬化混凝土或岩土介质间浇筑时的温差不得大于 15℃。

(4)振捣。可采用插入式振动棒、附着式平板振捣器、表面平板振捣器等振捣设备振捣混凝土。振捣时应避免碰撞模板、钢筋及预埋件。采用插入式振捣器振捣混凝土时,宜采用垂直点振方式振捣。每点的振捣时间以表面泛浆或不冒大气泡为准,一般不宜超过 30s,避免振动过度。若需变换振捣棒在混凝土拌和物中的水平位置,应首先竖向缓慢将振捣棒拔出,然后再将振捣棒移至新的位置,不得将振捣棒放在拌和物内平拖。

(5)养护。高强混凝土早期强度增长较快,一般 3d 可以达到设计强度的 60%,7d 达到设计强度的 80%,因而混凝土早期养护特别重要。通常在混凝土浇筑完毕后采取以带模养护为主,浇水养护为辅,使混凝土表面保持湿润。此外,高性能混凝土会有较高的水化热,根据混凝土成分和环境条件的不同,在浇筑后 24 ~ 48h 会到达最高温度,所以高强混凝土施工时一般不应过早拆模,同时拆模后应持续保护几小时再移走模板,以避免混凝土表面受到影响引起表面过快温降。同时,正确的抹面和水养护是获得不透水表面的重要步骤,对于低水灰比的高强混凝土,不仅需要保持内部水分不蒸发,还要注重从外部环境中补充水分,应进行外界潮湿养护,以保证混凝土充分水化,提高混凝土的综合性能。

施工与质量控制流程图如图 2-1 所示。

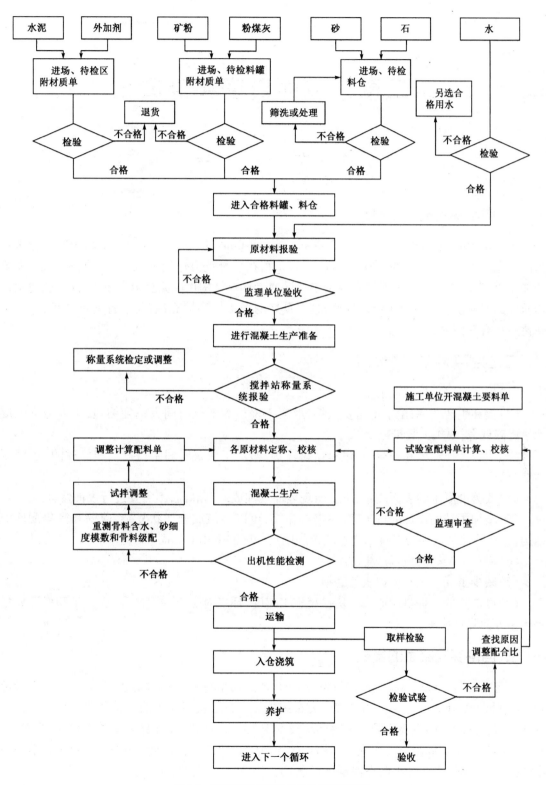

图 2-1　高强混凝土施工与质量控制流程图

第三章　道面自密实混凝土

第一节　概　　述

一、自密实混凝土的定义

自密实混凝土(Self-Compacting Concrete 或 Self-Consolidating Concrete,简称 SCC),也被称为高流态混凝土(Highly Fluidized Concrete),是指在自身重力作用下,能够流动、密实,不需要外加振捣,在施工过程中即使存在致密钢筋网或者异形结构也能完全填充模板,同时获得很好均质性的混凝土。该混凝土流动性好,具有良好的施工性和填充性,而且骨料不离析,混凝土硬化后具有良好的力学性能和耐久性。

二、自密实混凝土的优点

(1)保证混凝土良好地密实。

(2)提高生产效率,由于不需要振捣,混凝土浇筑需要的时间大幅度缩短,工人劳动强度大幅度降低,需要工人数量减少。

(3)改善工作环境和安全性,没有振捣噪声,避免工人长时间手持振动器导致的"手臂振动综合征"。

(4)改善混凝土的表面质量,不会出现表面气泡或蜂窝麻面,不需要进行表面修补。

(5)增加了结构设计的自由度,不需要振捣,可以浇筑成型形状复杂、薄壁和密集配筋的结构,突破特殊结构因为混凝土浇筑施工的困难而限制采用的局面。

(6)避免了振捣对模板产生的磨损。

(7)减少了混凝土对搅拌机的磨损。

(8)可能降低工程整体造价。从提高施工速度、环境对噪声的限制、减少人工和保证质量等诸多方面降低成本。

三、自密实混凝土的发展

自密实混凝土(SCC)是高性能混凝土(HPC)的一个重要组成部分和发展方向。20 世纪 80 年代后期,日本东京大学岗村教授研究室率先提出自密实混凝土的概念并研制成功。日本发展自密实混凝土的主要原因是解决熟练技术工人的减少和混凝土结构耐久性提高之间的矛盾。我国对自密实混凝土的研究与应用开始于 20 世纪 90 年代初期。实际上,清华大学冯乃谦教授早在 1987 年就提出流态混凝土概念,奠定了这一研究的基础。

有学者指出,除超高强(C80 以上)结构,自密实混凝土适用于所有种类的混凝土结构和施工条件,包括纤维增强结构。自密实混凝土是一种特殊的高性能混凝土,拌和物表现出优良的工作性能,浇灌过程中不用振捣而完全依靠自重作用自由流淌充分填充模型内的空间,形成均匀密实的结构,硬化后具有良好的力学性能和耐久性能。世界各国对混凝土结构的耐久性问题十分关注。所有普通混凝土均靠充分振捣来达到密实,满足所需要的强度和耐久性,振捣不良会大大降低混凝土的最终性能。

因此,日本岗村教授提出研究开发自密实混凝土,利用其自身优良的施工性能,保证混凝土即使在不利施工的条件下也能密实成型,避免因振捣不足而造成空洞、蜂窝、麻面等质量缺陷。他们首先利用水下混凝土的技术来研制这种流动性好、填充性高的混凝土。通过试验发现简单地把这种工艺移到地面上施工并不成功,主要原因有:由于这类混凝土黏度较高,包裹在混凝土中的空气难以排除;在钢筋密集部分,难以做到密实填充。因此,他们又开始做了新的研究,并取得较大进展。1989 年,在东京举行了自密实混凝土的公开试验,有 100 多位研究人员和工程技术人员参加,会后许多大建筑公司开始了自密实混凝土的开发。1992 年出席日本混凝土学会关于自密实混凝土年会的单位增至 30 家。

日本建筑协会在材料施工委员会下设置了"高流动性混凝土"分会,并于 1992—1995 年三年内对自密实的质量标准、材料、配合比、施工、质量管理等有关内容进行了研究,1997 年 1 月制订了"高流动性混凝土材料、配比、制造、施工指针",大大推动了自密实混凝土在日本的应用。1998 年 8 月日本在一次国际会议上宣布"到 2003 年自密实混凝土的用量超过混凝土总用量 50%"的计划。自密实混凝土在日本的应用方向主要有以下几个方面:应用于大型工程;应用于钢筋密集结构;预制构件。

近年来,由于日本应用自密实混凝土的不断成功,使西方国家也开始关注和应用该项技术。其中美国西雅图六层的双联广场钢管混凝土柱(28d 抗压强度 115MPa)是迄今为止自密实混凝土应用中强度最高的实例。由于采用了超高强度自密实混凝土,从底层逐层泵送,无振捣,降低了结构成本的 30%。荷兰也是目前应用该技术较为普及的国家之一,大约有 75% 的预制混凝土结构采用自密实混凝土,不仅保证了特殊结构施工的需求,也使混凝土制品的性能与外观质量得到了改善和提高。

我国从 20 世纪 90 年代初期也开始了免振自密实混凝土的研究。从 1995 年开始深圳、上海、北京等城市开始应用自密实混凝土,主要应用于地下暗挖,配筋形状较为密实、复杂等无法浇筑和振捣的部位,解决了施工扰民的问题,缩短了浇筑工期。2008 年开工的上海中心大厦总高度为 632m,结构形式采用钢筋混凝土核心筒—外框架结构,其核心筒部分所使用的混凝土即为自密实混凝土。

四、机场道面自密实混凝土的应用意义

机场道面应用高性能自密实道面混凝土有其重要意义。

(1)采用自密实混凝土道面,可以大大提高施工速度

以往采用干硬性混凝土铺筑道面时,一个工作面的铺筑速度为 1m/5min,采用自密实混凝土后,一个工作面铺筑速度为 1m/2min,速度提高一倍以上。若一个机场有 4 个工作面,则全场铺筑速度为 2m/min,这个铺筑速度与一台进口水泥混凝土摊铺机的摊铺速度相当。进口水泥混凝土的摊铺机的摊铺速度为 1～3m/min,平均速度为 2m/min。

　　无论机场工程还是道路工程,提高施工速度都具有很大的经济效益和社会效益。在新时期准备中,施工速度具有非常重要的意义。采用自密实混凝土铺筑道面时,提高施工速度与采用进口的水泥混凝土摊铺机相比具有以下优点:

　　①可以继续使用现有施工机具,不需要购买昂贵的摊铺机,节约成本。

　　②便于机动作战,不需要转运大型摊铺机械,可以在摊铺机无法工作的环境下工作。

　　③可以大大提高道面的平整度,而水泥混凝土摊铺机目前较难满足机场道面平整度的要求。

　　④水泥混凝土摊铺机战时抢修无法使用,无法快速机动隐蔽,容易遭受破坏,在这种情况下使用自密实混凝土是较好的方案。

　　⑤在机场道面施工中,采用水泥混凝土摊铺机容易产生塌边现象,自密实混凝土则不存在这个问题。

　　(2)采用自密实混凝土道面,可以大大提高机场道面的使用寿命

　　机场水泥混凝土道面面积大,全部暴露于不利的自然环境中,受到雨雪、冰冻、高温低温、干湿循环的物理与化学作用,同时受到来自土基的地下水、侵蚀性离子、盐碱的物理与化学破坏作用,还可能受到碱骨料反应的侵蚀作用。所以,以往采用普通混凝土铺筑道面时,常常出现达不到设计使用寿命就发生道面损坏的现象。采用自密实混凝土道面,由于掺用了高效减水剂和优质粉煤灰,采用较低水胶比,混凝土内部结构大大改善,能够引起化学腐蚀的水化产物大大减少,抗渗性成倍提高,从而抑制了物理与化学腐蚀的发生,抑制可能的碱—骨料腐蚀,使用寿命得到保证,并在此基础上大大提高了道面使用寿命。试验结果表明,当混凝土抗折强度为5.8MPa时,唐山机场道面结构可以承受两倍于设计飞机荷载的55万次重复作用,4倍于设计使用寿命,其经济效益与军事效益是不可估量的。

　　自密实混凝土摊铺容易,速度快,并且不需要接电源、拉电线、使用振捣机械,极大地利于战时的机场道面抢修。

　　除此以外,与预制的抢修材料相比具有如下优点:

　　①就地取材,不需要大量运输抢修材料。

　　②由于弹坑的不规则外形及残存道面与预制抢修材料结合处无法消除的不平整,使得飞机通过修补的弹坑时产生较大的冲击力,影响飞行安全。使用自密实混凝土后,新旧道面结合处衔接紧密、平整,消除了这一安全隐患。

　　自密实混凝土应用到机场道面工程,需要突破的难点是:

　　①要使混凝土拌和物具有大流动性,并要保证道面混凝土抗折强度和耐久性都有所提高。

　　②控制水泥用量不突破定额,并且要稍有降低;混凝土的材料费用增加较少,道面混凝土的总费用基本不增加。

　　③需要确定自密实混凝土道面的施工技术、质量控制,以及每一道工序的操作规程与质量要求。

　　④如何保证施工中因材料变化、气候变化、人员变化等这些既没有先例又很难预见的因素,所引起的各项性能与工程质量指标的变异的及时调整与处理。

　　⑤要求现有施工机具能继续满足使用。

第二节　道面自密实混凝土组成材料和配合比

一、胶凝材料

配制自密实混凝土宜采用硅酸盐水泥或普通硅酸盐水泥,并应符合国家标准《通用硅酸盐水泥》(GB 175—2007)的规定。当采用其他品种水泥时,其性能指标应符合国家现行相关标准规定。当有特殊要求时,可根据设计、施工要求以及工程所处环境确定。自密实混凝土不宜采用铝酸盐水泥、硫铝酸盐水泥等凝结时间短、流动性经时损失大的水泥。

配制自密实混凝土可采用粉煤灰、粒化高炉矿渣粉、硅灰等矿物掺合料,且粉煤灰应符合国家标准《用于水泥和混凝土中的粉煤灰》(GB/T 1596—2005)的规定,粒化高炉矿渣粉应符合国家标准《用于水泥和混凝土中的粒化高炉矿渣粉》(GB/T 18046—2008)的规定。不同的矿物掺合料对混凝土和易性和物理力学性能、耐久性所产生的作用既有共性,又不完全相同。因此,应根据混凝土所处环境、设计要求、施工工艺要求等因素,通过充分的试验验证,确定混凝土掺合料种类及用量。当使用磨细矿化碳酸钙、石英粉等其他掺合料时,应考虑掺合料的粒径分布、形状和需水量,减少对混凝土拌和物需水量或敏感度的影响,并通过试验验证,方可使用。

二、骨料

在满足自密实混凝土性能的前提下,可根据优质、经济、就地取材的原则选择天然骨料、碎石或两者混合使用来制备自密实混凝土。骨料宜采用连续级配或两个以上单粒径级配搭配使用,最大公称粒径不宜大于20mm;对于结构紧密的竖向构件、复杂形状的结构以及有特殊要求的工程,粗骨料的最大公称粒径不宜大于16mm。粗骨料的针片状颗粒含量、含泥量及泥块含量应符合表3-1的规定,其他性能及实验方法符合标准《建设用砂》(GB/T 14684—2011)和《建设用卵石、碎石》(GB/T 14685—2011)的规定。

粗骨料的针片状颗粒含量、含泥量及泥块含量　表3-1

项目	针片状颗粒含量(%)	含泥量(%)	泥块含量(%)
指标	≤8	≤1.0	≤0.5

轻骨料宜采用连续级配,性能指标应符合表3-2的规定,其他性能及试验方法应符合国家现行标准规定。

轻粗骨料的性能指标　表3-2

项目	密度等级	最大粒径(mm)	粒径系数	24h吸水率(%)
指标	≥700	≤16	≤2.0	≤10

细骨料宜采用级配Ⅱ区的中砂。天然砂的含泥量、泥块含量应符合表3-3的规定;人工砂的石粉量应符合表3-4的规定。细骨料的其他性能及试验方法应符合行业标准《普通混凝土用砂、石质量及检验方法标准》(JGJ 52—2006)的规定。

天然砂的含泥量和泥块含量　　　　　　　　　　　　　表 3-3

项　　目	含　泥　量(%)	泥块含量(%)
指标	≤3.0	≤1.0

天然砂的含泥量和泥块含量　　　　　　　　　　　　　表 3-4

项　　目		指　　　标		
		≥C60	C55~C30	≤C25
石粉含量(%)	MB≤1.4	≤5.0	≤7.0	≤10.0
	MB≥1.4	≤2.0	≤3.0	≤5.0

三、外加剂

外加剂应符合国家标准《混凝土外加剂》(GB 8076—2008)和《混凝土外加剂应用技术规范》(GB 50119—2013)的有关规定。

四、混凝土用水

自密实混凝土的拌和用水和养护用水与普通混凝土一样,应符合行业标准《混凝土用水标准》(JGJ 63—2006)的规定。

五、其他

自密实混凝土加入钢纤维、合成纤维时,其性能应符合相应现行标准的规定。加入纤维一般会降低拌和物的流动性,具体掺量需要通过试验确定。

六、自密实混凝土的配合比设计

1. 一般规定

自密实混凝土应根据工程结构形式、施工工艺以及环境因素进行配合比设计,并应在综合考虑混凝土自密实性能、强度、耐久性以及其他性能要求的基础上,计算理论配合比,经试验室试配,调整得出满足自密实性能要求的基准配合比,经强度、耐久性复核得到施工配合比。

2. 自密实混凝土配合比设计(独立设计法)

独立设计法是指不需要事先配制基准混凝土,不适用基准混凝土配合比乘以各种调整系数来确定掺粉煤灰混凝土的配合比。独立设计法直接根据设计要求,按掺粉煤灰混凝土自身的规律性进行计算、试拌与校核,最后得出满足设计要求的配合比。

空军工程大学研究的自密实道面混凝土就是用独立设计法来设计其配合比。独立设计法考虑了粉煤灰对混凝土和易性、强度的影响,首先选出粉煤灰最优掺量,然后在最优粉煤灰掺量的条件下,建立起掺粉煤灰的自密实混凝土的强度公式,从而建立起比较严密准确的自密实道面混凝土的配合比设计方法。

下面结合一个算例,介绍自密实道面混凝土配合比设计方法。

(1)计算自密实道面混凝土的 C/W

①计算混凝土配制抗折强度

$$f_\mathrm{f} = f_\mathrm{f设} + 1.645S \qquad\qquad (3\text{-}1)$$

式中:f_f——自密实道面混凝土配制 28d 抗折强度(MPa);

$\quad f_\mathrm{f设}$——28d 设计抗折强度(MPa);

$\quad S$——施工单位抗折强度标准差(MPa)。

②计算 C/W

自密实道面混凝土所需 C/W 可由空军工程大学建立的自密实道面混凝土抗折强度公式(图 3-1)计算,并左右适当增减得出供试拌用的 3 个 C/W 值,最后通过强度检验,选择既满足设计要求又比较经济的 C/W。自密实道面混凝土抗折强度公式是在粉煤灰掺量 $F/(F+C)$ 为最优掺量的条件下建立的。其表达式为:

$$f_\mathrm{f}/f_\mathrm{f}^c = 1.203C/W - 1.479 \qquad (3\text{-}2)$$

$$r = 0.95 \qquad n = 28$$

式中:f_f^c——施工所用水泥 28d 实测 ISO 抗折强度(MPa);

$\quad C/W$——自密实道面混凝土灰水比。

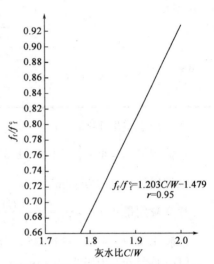

图 3-1　自密实道面混凝土 $f_\mathrm{f}/f_\mathrm{f}^c$-$C/W$ 关系

例如:要求 28d 设计强度 5.0MPa,坍落度 160mm 以上。

已知施工单位抗折强度标准差为 0.5MPa,施工所用水泥 28d 抗折强度为 8.54MPa。

于是有:

$$f_\mathrm{f} = f_\mathrm{f设} + 1.645S = 5.0 + 1.645 \times 0.5 = 5.82(\mathrm{MPa})$$

$$f_\mathrm{f}/f_\mathrm{f}^c = 5.82/8.54 = 0.682$$

由②中公式可计算出

$$C/W = 1.80, W/C = 0.555, 取 W/C = 0.55$$

在实际进行配合比设计时,应该在 $W/C = 0.55$ 的左右各选一个水灰比,对这 3 个水灰比进行平行的配合比计算与试拌、校核,从中选出比较理想的一个水灰比及其所对应的配合比,本例在此只计算 $W/C = 0.55$ 所对应的配合比,目的是说明自密实道面混凝土配合比设计中的计算方法。

(2)由 W/C 选择与其对应的最优粉煤灰掺量 $F/(F+C)$

一般 W/C 数值较大,应取较大的 $F/(F+C)$,粉煤灰质量较好时也应该取较大的 $F/(F+C)$。自密实道面混凝土,当采用Ⅰ级、Ⅱ级粉煤灰时,其最优粉煤灰掺量 $F/(F+C)$ 为 25% ~ 30%。

本例取 $F/(F+C) = 25\%$。

(3)选择用水量、减水剂掺量,计算水泥用量、粉煤灰用量、水胶比

自密实道面混凝土用水量与高效减水剂用量可参考表 3-5 选择,并通过试拌确定。

自密实道面混凝土用水量、减水剂掺量 表 3-5

粉煤灰需水量比（%）			95	100	105
自密实混凝土用水量（kg/m³）			140～143	143～148	148～152
FDN 掺量水泥（%）	$W/(F+C)$	0.36	0.9	1.0	1.0
		0.38	0.9	0.9	1.0
		0.40	0.8	0.9	0.9
氨基磺酸盐掺量水泥(%)	$W/(F+C)$	0.36	1.7	1.8	1.9
		0.38	1.7	1.8	1.8
		0.40	1.6	1.7	1.8

本例用水量取 148kg/m³。

水泥用量 $C = W \times \dfrac{C}{W} = 148 \times 1.8 = 266.4(\text{kg/m}^3)$。

水泥用量取为 270kg/m³。

粉煤灰用量 $F = C \times \dfrac{F/(F+C)}{1-F/(F+C)} = 270 \times \dfrac{1}{3} = 90(\text{kg/m}^3)$。

水胶比 $W/(F+C) = 148/360 = 0.41$。

FDN 掺量选用 0.9%，2.43kg/m³。

（4）计算粗、细骨料用量

①计算石子空隙率 V_0

$$V_0 = \frac{\gamma_{石} - \gamma_{0石}}{\gamma_{石}} \times 100\% \tag{3-3}$$

式中：$\gamma_{石}$——石子密度(kg/L)；

$\gamma_{0石}$——石子堆积密度(kg/L)。

本例：

$$V_0 = \frac{2.70 - 1.74}{2.70} \times 100\% = 35.5\%$$

②计算绝对体积含砂率 $\overline{S}$

砂石绝对体积比 K 按下式计算：

$$K = \frac{\gamma_{0砂}}{\gamma_{0石}} \cdot \frac{\gamma_{石}}{\gamma_{砂}} \cdot V_0 + a \tag{3-4}$$

式中：$\gamma_{0砂}$——砂的堆积密度(kg/L)，本例取 1.55kg/L；

$\gamma_{0石}$——石子紧堆积密度(kg/L)，本例取 1.74kg/L；

$\gamma_{砂}$——砂密度(kg/L)，本例取 2.63kg/L；

$\gamma_{石}$——石子密度(kg/L)，本例取 2.70kg/L；

V_0——石子空隙率；

a——拨开系数，取 1.1～1.3，本例取 1.2。

绝对体积含砂率 $\overline{S}$ 按下式计算：

$$\overline{S} = \frac{k}{1+k} \tag{3-5}$$

本例：

$$k = \frac{1.55}{1.74} \times \frac{2.70}{2.63} \times 35.5\% \times 1.2 = 0.39$$

$$\bar{S} = \frac{k}{1+k} = 28\%$$

一般可选用 3 个含砂率分别计算出配合比,然后进行试拌,选择最优含砂率,流动性最大的含砂率为最优含砂率。含砂率选定后,调整用水量,使流动性(此处为坍落度)大于 160mm 并且最接近 160mm。

本例此处只计算绝对体积含砂率为 28% 的配合比。

③计算粗、细骨料总绝对体积 $V_总$

$1m^3$ 混凝土拌和物中骨料总绝对体积 $V_总$ 按下式计算:

$$V_总 = 1000 - \frac{C}{\gamma_C} - \frac{F}{\gamma_F} - \frac{W}{\gamma_W} - 10\alpha \tag{3-6}$$

式中: C——$1m^3$ 混凝土水泥用量(kg),本例取 270kg;

F——$1m^3$ 混凝土粉煤灰用量(kg),本例取 90kg;

W——$1m^3$ 混凝土水用量(kg),本例取 148kg;

γ_C——水泥密度(kg/L),γ_C 一般取 3.10kg/L;

γ_F——粉煤灰密度(kg/L),由实测确定,本例取 2.2kg/L;

γ_W——水密度(kg/L),一般取 1kg/L;

α——混凝土中含气量百分数,在不使用引气型外加剂时,α 取 1.0。

本例中:

$$V_总 = 1000 - \frac{270}{3.1} - \frac{90}{2.2} - \frac{148}{1.0} - 10 = 714(L)$$

④计算 $1m^3$ 混凝土砂石用量

$1m^3$ 混凝土中砂的绝对体积 $V_砂$ 按下式计算:

$$V_砂 = V_总 \cdot \bar{S} \tag{3-7}$$

本例中:

$$V_砂 = 714 \times 28\% = 200(L)$$

$1m^3$ 混凝土中砂的用量按下式计算:

$$S = V_砂 \cdot \gamma_砂$$

本例中:

$$S = 200 \times 2.63 = 526(kg)$$

$1m^3$ 混凝土中石子的绝对体积按下式计算:

$$V_石 = V_总 - V_砂$$

本例中:

$$V_石 = 714 - 200 = 514(L)$$

$1m^3$ 混凝土中石子的用量按下式计算:

$$G = V_石 \cdot \gamma_石$$

本例中:

$$G = 514 \times 2.70 = 1388(kg)$$

本例中粒径为 5 ~ 20mm、20 ~ 40mm 的二级石子的配合比例为 4:6,粒径为 5 ~ 20mm 的碎石用量为 555kg,粒径为 20 ~ 40mm 的碎石用量为 8.33kg。

⑤列出供试拌用的 1m³ 自密实道面混凝土组成材料用量

本例 1m³ 自密实道面混凝土组成材料用量(kg)为:水泥:270kg;粉煤灰:90kg;水:148kg;砂:526kg;粒径 5 ~ 20mm 石子:555kg;粒径 20 ~ 40mm 石子:833kg;FDN 减水剂:2.43kg。

混凝土计算密度为 2424kg/m³。

(5)实验室进行试拌调整

试拌调整按《机场道面水泥混凝土配合比设计技术标准》(GJB 1578—1992)进行。试拌调整的目的是检验计算出的配合比和易性是否满足设计要求。

一般应通过试拌实测坍落度,在 3 个不同含砂率的配合比中选出坍落度最大的一个配合比。然后对所选用的配合比进一步调整用水量与减水剂用量,直至该配合比配制的混凝土拌和物坍落度稍大于 160mm,并且黏聚性、保水性良好。

(6)密度校核

密度校核的目的是实测经过试拌调整后的配合比所配制的混凝土拌和物的真实密度,用以核准 1m³ 混凝土组成材料的真实用量。具体校核方法见文献[2]。

(7)抗折强度检验并最后确定设计配合比

强度检验是在试拌调整之后通过实测 3 个不同水胶比的混凝土的抗折强度,选择其中最符合设计要求的一个水胶比所对应的配合比作为设计配合比。该配合比所配制的混凝土抗折强度大于配制强度并且接近配制强度。

3.唐山机场自密实混凝土配合比设计

唐山机场选用材料情况如下。

水泥:唐山冀东水泥厂生产"盾石"牌 P.O42.5R 散装水泥,碱含量($Na_2O + 0.658K_2O$)≤0.6%,28d 抗折强度均超过 8.5MPa。

砂:迁安砂厂中砂,级配合格,细度模数为 2.80。

碎石:丰润石灰石碎石,粒径为 5 ~ 20mm、20 ~ 40mm 的二级级配按 40:60(5 ~ 20mm:20 ~ 40mm)混合,表观密度为 2.82kg/L,级配符合规范要求。

粉煤灰:分别由唐山、滦南、秦皇岛等电厂供应,均为罐装 II 级灰。

减水剂:湛江外加剂厂生产 FDN-5 萘系浓缩高效减水剂($Na_2SO_4 < 3.0\%$)减水率≥19。

养护剂:江苏南京金友科技有限公司生产的 SC-97 型 8 倍浓缩反应型双组分养护剂。兼有增强和保水功能。

(1)唐山机场道面混凝土 28d 设计抗折强度为 5.0MPa。空军工程大学根据工地提供的原材料性能数据,采用独立设计法提出了两类配合比参考值,其配制强度为 6.0 ~ 6.5MPa(表 3-6)。

1m³ 混凝土组成材料用量(单位:kg) 表 3-6

混凝土性能	自密实混凝土	高性能(HPC)混凝土	
坍落度(VB 稠度)	160 ~ 180mm	(20s)	(20s)
水泥	300	280	280

续上表

混凝土性能	自密实混凝土	高性能(HPC)混凝土	
粉煤灰	100	93	93
水	155	140	140
砂(砂率)	586(32%)	491(26%)	531(28%)
20~40mm 碎石	528	595	578
5~20mm 碎石	791	892	867
FDN(占水泥质量,%)	2.1(0.7%)	0.84(0.3%)	0.84(0.3%)
混凝土拌和物密度(kg/m³)	2462	2492	2490

（2）工地实验室按试配强度大于5.82MPa 的要求,配制了坍落度为135~169mm、实际强度为6.41~6.67MPa 的3 种自密实混凝土(表3-7)。

1m³ 混凝土组成材料用量(单位:kg) 表3-7

组 成 材 料	配 合 比 1	配 合 比 2	配 合 比 3
水泥	300	280	280
粉煤灰	100	100	100
水	155	155	155
砂(砂率)	476(26%)	476(26%)	476(26%)
0~40mm 碎石	1446	1446	1446
FDN(占水泥质量,%)	2.4(0.8%)	2.7(0.9%)	2.1(0.7%)
坍落度(VB 稠度,mm)	154	169	135
混凝土拌和物密度(kg/m³)	2484	2540	2484

配合比的调整是为了制备宜于操作的混凝土板。而气候因素则是调整配合比必须充分关注的问题,研究表明,对于厚度在30cm 左右的混凝土板,每立方米混凝土粉煤灰用量为80~90kg、FDN 用量在0.7%左右、砂率为27%~28%、水灰比为0.46~0.47(水胶比0.36 左右)配制出的混凝土,可以满足高强度、高耐久性和高工作性的要求。温度高、风大或混凝土板厚度较薄(小于20cm)时宜选用流动度较大的配合比。

第三节　道面自密实混凝土性能

2002—2003 年,空军工程兵十总队与空军工程大学共同在空军新建唐山机场场道工程中合作研究采用自密实混凝土进行全场大面积施工,经过一年的施工研究,取得了圆满的成果。并于2003 年7 月对已施工完成的道面进行了性能测试,通过实测结果证实了自密实混凝土优异的性能及良好的推广前景。

一、抗折强度

唐山机场道面混凝土设计28d 抗折强度为5.0MPa,按照当时《空军机场场道工程质量检验评定标准》(KJB 18—1992)规定,验收时,28d 抗折强度必须符合 $f_{fn} \geq f_{f标} + tS_n$ (其中,t 为合格判断系数,当验收批组数>40 时为0.78,并规定在一个验收批中允许有一组试件平均强度

小于 $0.85f_{标}$，但不得小于 $0.80f_{标}$。），唐山机场从 2002 年 6 月 28 日至 2003 年 6 月 12 日，共测定抗折试件 355 组，$f_{fn}=5.84\text{MPa}$，$f_{min}=5.08\text{MPa}$，$f_{标}+tS_n=5.22\text{MPa}$，满足验收要求。

为了进一步了解道面板的实际强度，除了进行钻芯取样，采取抽样，对抽中的道面板混凝土从跑道上切割出来，采用送工厂加工的方式制成标准的混凝土小梁抗折试件（150mm × 150mm × 550mm）。同时另取两组龄期为 3 个月的实验室标准养护抗折试件进行测试。结果见表 3-8。

唐山机场自密实混凝土道面强度试验结果　　　　表 3-8

样 品 编 号	抗折强度（MPa）	抗压强度（MPa）	备　　注
1-1	5.6	55.0	现场道面板取样
1-2	5.7	56.3	现场道面板取样
2-1	7.0	62.7	试验室标准养护
2-2	7.0	58.8	试验室标准养护

从表中可以看出，现场取样道面板两组切割试件抗折强度分别为 5.6MPa、5.7MPa，实测强度也达到设计要求。试验室标准养护 3 个月龄期试件抗折强度为 7.0MPa，完全可以达到设计要求。

二、耐久性

1. 抗冻性

机场道面混凝土暴露于大气中，有可能由于受冻融循环作用而发生裂缝、表面剥落、结构松散、强度下降以至破坏。故道面混凝土抵抗冻融循环作用的能力是其主要性能指标之一。国家军用标准《机场道面水泥混凝土配合比设计技术标准》（GJB 1578—1992）规定了道面混凝土应能承受的冻融循环次数，如严寒地区为 150～200 次。

将唐山机场道面板中取出的混凝土制成 100mm × 100mm × 100mm 的立方体进行试件抗冻性试验。试验方法采用《普通混凝土长期性能和耐久性能试验方法标准》（GB/T 50082—2009），选择冻融循环次数为 200 次。

经过 200 次冻融循环后，计算其强度损失和质量损失。试验结果见表 3-9。

唐山机场自密实混凝土冻融循环试验结果　　　　表 3-9

试件编号	冻前质量（g）	冻后质量（g）	质量损失（%）	强度（MPa）	平均强度（MPa）	对比试件强度（MPa）	强度损失（%）
D1-1	2682.5	2682.5	0	36.3			
D1-2	2660.3	2660.3	0	46.2	41.1	44.7	8
D1-3	2668.7	2668.7	0	40.8			
D2-1	2673.0	2673.0	0	42.0			
D2-2	2633.7	2633.7	0	44.5	42.0	44.7	6
D2-3	2670.3	2670.3	0	39.4			

从表 3-9 可以看出，唐山机场自密实混凝土的抗冻性完全可满足使用要求。

2. 抗渗性

众所周知，引起混凝土耐久性不良的各种破坏过程都与水有关，因此抗渗性是混凝土重要的耐久性指标,一般来说,混凝土只要其渗透性很低,就可以有很好的抵抗水和侵蚀性介质侵入的能力。

由于唐山机场采用了自密实混凝土,传统渗透性试验方法难以评价其渗透性。因此采用了美国的 ASTM C1202 氯离子渗透直流电量试验法。该法的简要原理是:成型直径100mm、高度50mm的混凝土圆柱体试件,养护至龄期后,用环氧树脂密封试件侧面,然后将其放入真空干燥器中进行真空饱水(此过程需要4h),并将其在水中浸泡18h±2h后,取出密封安装于有机玻璃试验箱中。试验箱两端安置铜网电极,一端浸入0.3%的NaOH溶液(正极),另一端浸入3%的NaCl溶液(负极),连接60V直流电源,量测该混凝土中通过的电流,每30min记录一次,试验持续6h,计算所通过的总电量(C),用其来评价混凝土的抗氯离子渗透性。试验仪器如图3-2所示。

试验方法简图如图3-3所示。

图3-2　氯离子渗透直流电量试验仪器

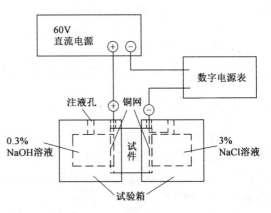

图3-3　ASTM C1202 试验方法简图

唐山机场自密实混凝土渗透性试验结果见表3-10。

唐山机场自密实混凝土渗透性试验结果　　　　　　　　　　　　表3-10

ASTM C1202 所规定的通过混凝土的电量与混凝土渗透性的关系		现场混凝土试验结果
通过混凝土的电量(C)	混凝土渗透性	
>4000	高	通过混凝土的电量为400C,属于渗透性极低的混凝土
2000～4000	中	
1000～2000	低	
100～1000	极低	
<100	可忽略	

对唐山机场自密实混凝土做了两组氯离子渗透试验,结果分别为:第一组通过的电量为410C,第二组通过的电量为389C。从试验结果可以看出,唐山机场所采用的自密实混凝土具有很强的抗氯离子渗透能力,所通过的电量均小于1000C,属于渗透性极低的混凝土。

3.耐磨性

机场道面由于飞机的使用会受到机轮对其的磨损,如果道面耐磨性不够,就会缩短机场道面的使用寿命。因此,进行了自密实道面混凝土现场取样与传统干硬性道面混凝土耐磨性对比试验。

混凝土磨耗试验采用磨平机进行。方法是:将试件置于磨平机下进行磨耗试验。磨耗值以直径10cm的砂轮在50N压力下,每分钟转速为1714转,在混凝土表面磨耗5min后称量的混凝土质量损失计。

磨耗试验结果见表3-11。

唐山机场自密实混凝土道面磨耗试验结果 表3-11

试件编号	质量损失(g)			
	1	2	3	平均值
P-1	7.8	9.8	10.0	9.2
P-2	6.5	6.0	6.4	6.3
L-1	5.5	5.0	4.5	5.0
L-2	5.2	4.8	5.6	5.2

从表中可以看出,现场自密实道面混凝土的磨耗损失小于现在机场道面施工中所采用的普通道面混凝土,故其耐磨性满足机场道面使用要求。

三、道面平整度

对唐山机场竣工道面采用长安大学和西安路凯科技发展有限责任公司联合研制的LPY-H型便携式路面平整度仪(图3-4)。进行平整度的检测。连续式平整度仪是新兴的测量工具,其设备较复杂,可对工程测设段进行连续测试,工作效率高,近些年来得到了广泛的应用。

该仪器总长为3m,主体结构为一个可折叠的机架,前后各有4个行走轮,为双轴双轮分布,中间有一个测试轮。测轮是由小轮(直径16cm)、连杆、伸杆与车架连接组成,支点分连杆比例为1:1,连杆一端上安装小圆板,直径为2.5～3.0cm,小圆板正中心有位移传感器的测杆接触,可以在该板上自由地滑动,而不会滑出板外。位移传感器安装在车架上,路面平整度信息全由该仪器提供。测试时,平整度仪每10cm自动取一个值,每100m长测段计算一个标准差σ,用σ为指标,评价道面平整度。根据空军工程大学有关研究成果,建议3m平整度仪测量平整度的标准差为$\sigma \leq 1.5mm$。相当于现行标准3m直尺3mm的要求。

对全跑道长度测试了4条纵断面,如图3-5所示。平整度测试结果见表3-12。

图3-4 LPY-H型便携式路面平整度仪

图3-5 唐山机场自密实混凝土道面平整度测试图

唐山机场自密实混凝土道面平整度测试结果结果　　　表3-12

序号 位置	跑道中部Ⅰσ（mm）	跑道中部Ⅱσ（mm）	跑道边部Ⅰσ（mm）	跑道边部Ⅱσ（mm）
1	1.18	1.19	1.43	1.23
2	1.12	1.20	1.25	1.15
3	1.11	1.21	1.17	1.01
4	1.41	1.22	1.00	1.02
5	1.40	1.30	1.21	1.16
6	1.51	1.25	1.02	1.30
7	1.22	1.14	1.20	1.18
8	1.27	1.11	1.30	1.24
9	1.00	1.05	1.63	1.13
10	1.46	1.25	1.23	1.04
11	1.49	1.14	0.94	1.22
12	1.56	1.31	1.27	1.22
13	1.37	1.42	1.30	1.05
14	1.30	1.11	1.54	1.51
15	1.25	1.22	1.54	1.30
16	0.85	1.40	0.91	1.10
17	0.90	1.03	1.12	1.03
18	1.10	0.92	1.08	1.42
19	1.06	1.00	1.11	0.97
20	1.20	1.00	0.91	1.04
21	1.14	1.00	1.09	1.20
22	1.09	1.18	0.94	1.33
23	1.16	1.01	1.21	1.48
24	1.30	0.89	1.03	1.00
25	0.85	1.21	0.94	0.90

从测试结果可以看出，100个测试值中有6个大于1.5mm，其余小于1.5mm，100个σ值平均为1.2mm，大大小于1.5mm的限制。

同时对部分旧机场及新建机场的跑道、停机坪平整度进行了检测，测量结果见表3-13。

机场平整度测试结果对比　　　表3-13

机场 测值	3m直尺平整度（mm）		平整度仪σ平均值（mm）
	总体平均值	总体标准差	
旧机场 西北某机场1	3.6	1.9	1.8
西北某机场2	4.2	2.2	2.3
华北某机场	3.7	1.7	—

续上表

机场\测值	3m 直尺平整度（mm）		平整度仪 σ 平均值（mm）
	总体平均值	总体标准差	
新建机场 唐山机场	1.8	0.7	1.2
西北某机场3	2.5	1.1	1.3
华东某机场	2.0	1.0	—
中原某机场	2.7	1.1	—
华南某机场	2.8	1.0	—
某民航机场新建机坪	2.5	1.3	1.2

从测试结果可以看出，唐山机场由于采用了自密实混凝土，混凝土道面质量更容易保证，平整度指标与国内其他机场道面相比更加优异。

第四节　道面自密实混凝土施工质量控制

一、拌和设备的改进和配套

配制高性能混凝土，传统的拌和站应予改进。唐山机场选用山东济南建设机械厂生产的 JS1000B 型拌和机，增购了部分配套设备，主要包括：

（1）由于粉煤灰为罐装二级干灰，大气条件存放宜受潮结块，影响计量精度，增加了两个粉煤灰储存罐。

（2）水泥、粉煤灰上料改装成气送法上料，增加了一套气送设备，取消了螺旋输送设备。气送设备主要包括输气设备、输气管道、雾化装置、汽水分离器、气粉分离通道及压力表等。

（3）自制了由拌和箱及成品箱、管道、水泵等组成的 FDN 上料设备，拌和箱按 9：1 浓度配制 FDN 溶液，拌和箱容积按每箱能配制 FDN 粉剂 40kg（一袋）考虑。当 FDN 粉剂完全溶于水后即通过管道注入成品箱备用时，成品溶液通过水泵注入混凝土拌和机。

（4）拌和机控制室安装了微机监视屏和打印设备，以便及时收集有关信息，控制上料精度。

唐山机场混凝土拌和站与普通道面混凝土施工拌和站没有太大区别，只是增加了粉煤灰和减水剂的储存设备。水泥、粉煤灰的上料改为气送上料，考虑唐山机场任务情况，拌和站按两套设备同时运转配置，高峰产量可达 1100m³/d。

其拌和装置主要机械设备见表3-14。

拌和站主要机械设备清单　　　　　　　　表 3-14

机 械 名 称	型 号	数 量	说 明
混凝土拌和机	JS1000B 型	2	
大石料斗		2	随拌和机配置
小石料斗		2	随拌和机配置
砂料斗		2	随拌和机配置

机 械 名 称	型 号	数 量	说 明
皮带运输机		2	随拌和机配置
水泥储藏罐		4	由工厂加工,随机安装
粉煤灰罐		4	由工厂加工,随机安装
水箱	自制	2	供拌和水
FDN 成品液箱	自制	2	
FND 拌和箱	自制	2	
空压机	XK06-010,输入气压 0.7MP,容量 3m³/min	2	
压力储气罐		2	
装载机		1	

注:表中设备按两套安装,除高峰时同时运转外,多为一套运转一套备用。

二、自密实道面混凝土的施工

1. 原材料质量控制和搅拌

混凝土掺加粉煤灰和减水剂后,品质得到改善。粉煤灰的颗粒形态效应、微集料效应、火山灰活性效应对改善混凝土耐久性品质和增大混凝土强度已被许多研究证明,掺加粉煤灰使流动度加大,粉煤灰的品质(特别是细度)不仅影响混凝土的强度,也关系到需水量比和混凝土的流动度。粉煤灰的烧失量(含碳量)对需水量比的影响也是巨大的。高含碳量的粉煤灰,使需水量增大,密实度降低,并导致减水剂用量加大,对面层混凝土质量也会产生影响,因此,必须对粉煤灰的细度和烧失量密切注意。一些研究表明,粉煤灰的 CaO 含量大小不是影响混凝土性能的重要因素,而我国生产的粉煤灰的 SO_3 含量均远远低于 3% 的控制指标,因此,在施工中,把检测粉煤灰品质的注意点放在了影响混凝土用水量的指标上,规定每 20t 检测一次细度,不能满足二级灰细度要求的粉煤灰原则不得使用。

其次,由于掺了粉煤灰和 FDN 后,用水量的增减对流动度的影响比普通混凝土大得多,水的计量必须准确。

严格控制原材料质量,运用配套设备严格进行搅拌,严格遵循规范有关规定,是配制自密实道面混凝土的关键。

2. 运输

(1)运输道路。为保证自密实混凝土运输过程不离析,运料道路应平坦,并随时派人维护。

(2)车辆。用解放 141 和东风 140 翻斗车,每车可装 3m³ 混凝土料,使用前应注意检查后箱板的密封情况,防止漏浆。

(3)搅拌站位置应适中,运料路线不宜超过 2.0km。

3. 摊铺

普通道面混凝土摊铺作业要预留虚高。在《军用机场场道工程施工及验收规范》(GJB 1112A—2004)中指出,虚铺量可为板厚的 10%,自密实道面混凝土由于入仓过程中的自密实效应,没必要再按上述要求作业。摊铺时应基本不留虚高,无论多厚的道面,摊铺高度应与道面厚度相等或略高(2mm 左右)。预留虚高过大,做面整平时会造成混凝土大量原浆流失,对道面产生不利影响。

4. 振捣

掺粉煤灰和 FDN 后,混凝土流动性较干硬性混凝土大得多。虽然由于做面要求,还不可能配制成免振和自流平混凝土。但是,入仓后的绝大部分混凝土会自流自密,不必要使用平板振动器,插入式振动器也不能过振,一般做法是间距 80cm 左右拖振即可,也可以采用间距 30 ~ 40cm 点振,每点振捣时间约 2s。据测定一块 4m×4.5m 混凝土板约 3min 即可完成。行夯找平比普通混凝土要快,一块板约需 2min。防止过振是自密实混凝土操作中要很好掌握的问题,过振的混凝土表面浮浆过厚,粗骨料全部或大部分下沉,板面容易产生裂缝,耐磨能力也会降低。

5. 做面

自密实混凝土对风和阳光的敏感较普通混凝土大得多,根据天气变化,不盖或随时加盖塑料布是施工中应特别注意的问题,也是操作手根据自己经验掌握的要点。无风、无阳光直射时一般不需覆盖,否则就必须覆盖,一般均在拉完第一道滚杠后加盖。自密实混凝土拉第二道滚杠距第一道滚杠约需 1h。风天,第二道滚杠过后还要继续覆盖直到做面。做面时间从混凝土入仓算起一般需 3 ~ 4.5h。当不盖塑料布时自密实混凝土会出现比普通混凝土更长的假凝裂缝,更严重的是表面黏稠急剧增高,根本无法做面。

6. 切缝

连续浇捣的道面混凝土及时切缝是防止混凝土板不规则断裂的关键。《军用机场场道工程施工及验收规范》(GJB 1112A—2004)规定切缝时间应根据施工时的气温和混凝土的强度通过试验确定。以往的经验表明,切缝时间宜早不宜晚,一般在 24h 内应予完成。唐山经验表明,高性能道面混凝土的切缝时间可比普通混凝土晚,这一变化,很可能是由于掺加粉煤灰后,混凝土体积稳定性得到改善的缘故。

三、养护

采用了喷膜养生技术,选用的是 SC-97 型 8 倍浓缩反应型双组分养护剂,1t 原液可以喷养 3 万 m² 混凝土道面,施喷工具为农用喷雾器,做面完成即可施喷第一组溶剂,15 ~ 20min 后喷第二组溶剂。2h 后喷剂在混凝土表面形成养护膜。喷量按如下标准掌握:第一遍喷好后混凝土表面出现汪水现象,第二遍喷完后表面出现乳白色即可。检查方法是用水洒到已成膜的混凝土表面应出现水珠滚流现象,如果水渗入混凝土面必须补喷第二种组分溶剂。薄膜未成型前不应洒水,以免稀释养生液,降低养生效果。在喷膜养生后用无纺布加盖一层以确保养生质量。

第四章　道面碾压混凝土

第一节　概　　述

碾压混凝土道面(Roller Compacted Concrete Pavement,简称 RCCP)是利用沥青混凝土道面摊铺、碾压技术施工的一种水泥混凝土道面。碾压混凝土与普通水泥混凝土道面相比,具有节约水泥、收缩小、施工速度快、强度高、开放交通早等优点。它是将土石方施工机械容量大、速度快、大面积作业的优点和混凝土强度高、耐久性强的特点融合到一体,从而达到快速、经济施工的目的。

为了使土石方施工机械能在混凝土面上作业,碾压混凝土稠度要很干,干到足以使推土机、振动碾、自卸汽车不下陷。碾压混凝土比工业民用建筑的干硬性混凝土还要干,是一种坍落度为零的超干硬性混凝土。干硬性混凝土采用的维勃稠度仪,已不适用于测定碾压混凝土稠度。碾压混凝土采用改良型维勃稠度仪,在该仪器上达到液化所需要的时间(s),定义为碾压混凝土的稠度,又称 VC 值。

碾压混凝土稠度服从"恒用水量定则",当用水量不变时,稠度不变。碾压混凝土稠度要与施工机械相适应,既不能太稀,又不能太稠,若太稀施工机械下沉而无法作业,太稠时振动碾的能量不足以使混凝土液化。因此,碾压混凝土用水量由稠度决定,随着用水量增加,碾压混凝土稠度降低。施工时,必须严格控制用水量,才能保证碾压混凝土正常作业。当碾压混凝土的胶凝材料用量不变时,用水量与强度关系和用水量与压实密度关系的试验结果都表明它们之间存在最优用水量,即最优强度用水量和最优密度用水量,两个最优用水量中后者略高于前者。"水灰比定则"对碾压混凝土的适用范围为:过了最优强度用水量后,水灰比与强度呈反比关系,或灰水比与强度呈线性关系。

从施工机械角度,碾压混凝土浇筑机械与常规混凝土完全不同,仓内运输用自卸汽车,摊铺用推土机或铺料机,振实用振动碾压机。这种混凝土最适宜用于大体积混凝土结构。

从工艺学角度,经过振动、碾压的混凝土,只有压实到接近密实密度,才具有结构设计所要求的强度、抗渗性和抗冻性。因此,现场实测仓面碾压混凝土的压实密度不得低于密实密度的97%,即压实度大于97%。

从填充包裹理论讲,碾压混凝土配合比中必须有足够的灰浆体积来填充骨料的空隙。如果拌和物含有充分灰浆体积,那么碾压密实的混凝土表面将显出塑性,并在振动碾碾筒前出现清晰可辨的压痕波形,如果灰浆体积不足以填充骨料的空隙,那么骨料与骨料相接触,会出现粗骨料被轧碎和碾压不密实的现象。

灰浆体积包括水和胶凝材料,胶凝材料由水泥和混合材料组成。水泥用量主要取决于结构设计强度、抗冻和抗渗性要求,而混合材料则是增加灰浆体积的最好填料。粉煤灰、火山灰

质材料和磨细高炉矿渣均可用于碾压混凝土,其作用是:

(1)改善和易性,减少分离。

(2)提供胶凝材料填充骨料空隙。

(3)利用混合材料与水泥的二次水化反应,增加后期强度,减少水泥用量和降低水化热温升。

(4)提高连续浇筑层间黏结强度和层缝抗渗能力。

(5)提供密实、平整的碾压混凝土路面。

骨料中通过0.075mm筛的细颗粒也是良好的填充材料,视为惰性混合材料,同样能起到改善和易性、减少分离、填充骨料空隙和提供密实平整表面的作用。因此,在碾压混凝土骨料级配控制界限中,对通过0.075mm筛含量的规定要比常规混凝土骨料的界限放宽,允许这部分含量占骨料总量的5%~12%。国外已建多数碾压混凝土工程,骨料中含有5%~10%的粒径小于0.075mm的微粒。也有工程采用混合砂,即天然砂与粉砂混合,以增加骨料中的微粒含量。

缓凝剂主要用来延长碾压时间和层间间隔时间。掺加引气剂可以在碾压混凝土中建立稳定的气泡结构,以提高抗冻性。

据各国资料统计,碾压混凝土施工方法最多用于公路工程和大坝工程,经验证明也是最经济的方法。

我国于1978年着手研究碾压混凝土筑坝技术。1979年和1981年先后在四川省铜街子坝公路做过两次现场试验。1983年在厦门机场工地进行一次大型试验,自此开始将碾压混凝土应用于大坝工程。1985年福建省沙溪口水电站围堰和开关站挡墙浇筑了20000m³碾压混凝土。1986年福建省坑口水电站采用碾压混凝土修筑了高56.8m的重力坝,是我国第一座碾压混凝土试验坝。

碾压混凝土另一个广泛应用的领域是道路、机场工程。早期应用于道路建设,在安徽省、江苏省、山西省、河北省和辽宁省都进行了开发应用,共铺筑碾压混凝土路面16km。碾压混凝土用于公路路面和机场道面,承受车辆或飞机荷载,强度要求高,28d龄期抗压强度为30~40MPa甚至更高,抗折强度达到5.0MPa以上;直接暴露于大气中,冬天承受冻融破坏和防冰融雪剂作用,对抗冻性要求高;投入使用要求路用性能或道面性能保障车辆运行或飞机飞行安全,对表面平整度等性能要求较高。

碾压混凝土浇筑工艺流程包括:碾压混凝土拌和;运送;摊铺;碾压;切缝;养护。

第二节 碾压混凝土组成材料

碾压混凝土组成材料与普通水泥混凝土一样由粗骨料、细骨料、水泥、水组成,根据需要可添加适量的粉煤灰、外加剂,其原材料的品质要求与普通水泥混凝土的要求一样。由于碾压混凝土是一种特干硬性混凝土,由振动压路机碾压成形,并要获得良好的表面质量和很高的密实性,就要求拌和料既要具有可压实性、骨架具有很强的稳定性(具有即时承载能力),又能振碾出浆,使水泥浆胶结料遍布整个拌和料,这主要取决于碾压混凝土骨料最大粒径,粗、细骨料合成级配,拌和料的和易性及配合比。

一、碾压混凝土用胶凝材料

1. 水泥

碾压混凝土对水泥品种没有特别要求,适用于普通混凝土使用的水泥皆可用于碾压混凝土,包括硅酸盐水泥、普通硅酸盐水泥、火山灰质硅酸盐水泥、矿渣硅酸盐水泥和粉煤灰硅酸盐水泥等。

2. 用于碾压混凝土的混合材料

混合材料分为活性和非活性两大类。粒化高炉矿渣、火山灰质材料和粉煤灰可与水泥中析出的氧化钙作用,称为活性混合材料。

凡是不具有活性或活性很低的人工或天然的矿物材料,称为非活性混合材料。其中包括石英岩、石灰岩、砂岩以及不符合技术要求的粒化高炉矿渣和火山灰质混合材料。对非活性混合材料的品质要求,主要是材料的细度和不含有害的成分。

从目前已建碾压混凝土工程来看,大多数工程采用粉煤灰作为碾压混凝土的混合材料,但也有少数工程采用矿渣。实验证明,火山灰质混合材料因需水量较大,所以干缩也大,而且改善碾压混凝土性能的效果不如粉煤灰显著。矿渣类混合材料活性虽高,但需要磨细使用,所以较少有工程采用。粉煤灰混合材料对改善碾压混凝土的和易性和降低水化热温升均有显著效果,因此碾压混凝土的混合材料多采用粉煤灰。

碾压混凝土配合比中粉煤灰用量比常规混凝土要大一些。粉煤灰的作用之一是填充骨料的空隙,细骨料的空隙率为 35% ~40% ,这些空隙如不被胶凝材料填充必然降低碾压混凝土的密度、强度和抗渗性能。

从水泥中析释出的游离石灰,即使数量少也足以同大量粉煤灰反应。这种反应称火山灰反应或二次水化反应,是水泥水化过程中析出 $Ca(OH)_2$ 离子通过粉煤灰颗粒周围的水间层,扩散到粉煤灰颗粒表面发生界面反应,形成次生的水化硅酸钙。如果水泥水化产物薄壳与粉煤灰颗粒之间的水解层被不断作用的火山灰反应产物所填满,这时混凝土强度将不断增加,粉煤灰颗粒与水化产物之间形成牢固的联结。这段反应时间要在 28d 龄期以后,甚之更长时间。所以,粉煤灰的另一个作用是提高碾压混凝土的后期强度。

粉煤灰碾压混凝土产生强度的同时也发生一部分热量,但为数甚微,从而起到减少温度裂缝的作用。采用粉煤灰是一种既可填充碾压混凝土细骨料空隙、提高后期强度和改善和易性,又不致引起发热量过大的最可行的措施。

二、碾压混凝土用骨料

骨料要占碾压混凝土体积的 80% ~85% ,所以骨料品质和结构不仅影响碾压混凝土的和易性,而且也影响强度和耐久性。

1. 最大粒径

由于碾压混凝土用水量很小,拌和料没有黏聚性,呈松散状态,骨料粒径过大会使拌和料在运输、摊铺过程中产生较大量的离析,并可能导致道面出现蜂窝和不平整。因此,碾压混凝土对骨料最大粒径有较严的要求。国内外试验结果表明,骨料最大粒径以 20mm 为宜。

2. 级配要求

级配是骨料大小颗粒互相搭配的比例关系。如果骨料级配适当,可减少填充骨料空隙的灰浆量,相应减少单位体积用水量和胶凝材料用量,拌和物也不易离析。

(1)骨料级配对碾压混凝土拌和料性能的影响

骨料级配对碾压混凝土拌和料的可压实性、抗离析性、易修整性和强度影响很大,尤其是对压实率的影响更大,而压实率是保证道面强度的决定性条件。因此,碾压混凝土要求骨料必须有良好的级配。

(2)骨料级配要求

骨料的级配特性以其级配指标的不均匀系数(C_u)和曲率系数(C_c)表示。不均匀系数(C_u)反映粒径分布曲线上的骨料颗粒分布范围,按下式计算:

$$C_u = \frac{d_{60}}{d_{10}}$$

曲率系数(C_c)反映粒径分布曲线上的骨料颗粒分布形状,按下式计算:

$$C_c = \frac{d_{30}^2}{d_{10} \cdot d_{60}}$$

当 $C_u \geq 5$ 且 $C_c = 1 \sim 3$ 时,表示骨料级配良好。

《军用机场场道工程施工及验收规范》(GJB 1112A—2004)道面混凝土用的小碎石(5~20mm)及砂的标准级配分别见表4-1、表4-2。

5~20mm 碎石级配要求(GJB 1112A—2004) 表4-1

筛孔尺寸(方孔,mm)	20	9.5	4.75	2.36
累计通过百分率(%)	90~100	30~60	0~10	0~5

中、粗砂级配要求(GJB 1112A—2004) 表4-2

筛孔尺寸(方孔,mm)		9.5	4.75	2.36	1.16	0.6	0.3	0.15
累计通过百分率(%)	1 区	100	90~100	65~95	35~65	15~29	5~20	0~10
	2 区	100	90~100	75~100	50~90	30~59	8~30	0~10

机场道面碾压混凝土骨料级配推荐范围见表4-3。

机场道面碾压混凝土骨料级配推荐范围 表4-3

筛孔尺寸(圆孔,mm)	20	15	10	5	2.5	1.25	0.63	0.315	0.16
累计通过百分率(%)	92~100	70~92	50~70	35~50	25~39	17~30	10~22	4~15	0~8

3.骨料的品质——有害杂质

骨料中有三类有害杂质:有害水泥水化的杂质,有害骨料与水泥净浆之间很好黏结的浮层,骨料本身的一些个别较软弱或不安定颗粒。

骨料应该清洁、坚硬和耐久,并具有适当粒度,其中有机杂质、灰尘、泥土和盐分有害物质,不能超过规定的含量。

第三节 碾压混凝土性能

一、碾压混凝土的和易性

当碾压混凝土原材料、骨料合成级配、施工设备确定以后,碾压混凝土振碾出浆的程度、密实度、可修整性和强度主要取决于拌和物和易性。对于机场道面碾压混凝土,其拌和物和易性指标是关键控制指标。

1.碾压混凝土拌和料和易性指标

碾压混凝土拌和物和易性应能保证拌和物在振碾过程中,在较短时间内充分泛浆、密实,而又不使表面产生波浪。碾压混凝土拌和物的改进型维勃稠度(VC值)和振实率两个指标能够比较全面地表达碾压混凝土拌和物的和易性。碾压混凝土拌和物的改进型维勃稠度(VC值)主要反映拌和物流动性大小,碾压混凝土拌和物的振实率是指在该流动性时的压实效果。

(1)改进型维勃稠度指标

碾压混凝土主要由振动压路机振碾成型,VC值偏大,不易振碾出浆,导致混凝土不密实;VC值偏小,虽然拌和料容易振碾出浆,但是碾压时会出现"弹簧"现象,反而使混凝土密实度降低,而且表面也不平整。可见,VC值有一个适宜的范围。当VC值>40s时,振实率明显降低,试件压实度最大为96%;当VC值<20s时,拌和料明显偏稀,试件成型时有"弹簧"现象,试件压实度最大为97%;当VC值为20~36s时,振实率在96%以上,试件压实度可以达到99%,这表明拌和料具有良好的可压实性能,即和易性好。因此碾压混凝土拌和料VC值宜为20~36s。

(2)振实率指标

当振实率在96%以上时,抗折试件易振实,试件成型密度可以达到理论密度的98%~99%,试件外观质量好,强度高。因此推荐以拌和料振实率(k)≥96%作为表征碾压混凝土拌和料和易性的另一指标。

2.和易性的影响因素——灰浆用量

在混凝土组成材料品质和骨料级配、水灰比一定的情况下,单位体积混凝土拌和料内,如果灰浆过少,拌和料和易性差,不能振碾密实获得良好的表面质量。但若灰浆过多,则拌和料摊铺碾压时不能形成即时承载能力,压路机难以振碾作业。可见,碾压混凝土有一个最佳灰浆用量。

空军工程大学采用以下材料进行了碾压混凝土配制研究,对骨料进行筛分后优选掺配出试样1和试样2。

(1)水泥。陕西耀州区秦岭牌P.O42.5R普通硅酸盐水泥,28d抗折强度为7.1MPa,抗压强度为47.6MPa,密度为3.1g/cm³。

(2)粉煤灰。西安渭河电厂Ⅱ级粉煤灰,密度为2.2g/cm³,细度为17.9%,需水量比为98%,烧失量为3.4%,三氧化硫含量为1.9%。

(3)骨料。粗骨料最大粒径为20mm。

试样1

碎石:石灰岩,粒径5~20mm,表观密度为2.7g/cm³,筛分结果见表4-4。

砂:河砂,表观密度为2.64g/cm³,细度模数为2.8,筛分结果见表4-4。

按优选法将碎石和砂进行掺配,得最佳砂率为46%(质量比),合成级配见表4-4,紧堆积密度为1.94g/cm³,振实密度(在维勃振动台按混凝土混合料最大振实密度试验方法测定)为2.03g/cm³。

试样2

碎石:石灰岩,粒径为20～10mm、10～5mm两级配,按优选法进行掺配,最佳掺配比例为0.5:0.5,筛分结果见表4-4,表观密度为2.7g/cm³。

砂:河砂,表观密度为2.65g/cm³,细度模数为3.1,筛分结果见表4-4。

按优选法将碎石和砂进行掺配,得最佳砂率为44%(质量比),合成级配见表4-4,紧堆积密度为1.92g/cm³,振实密度(在维勃振动台按混凝土混合料最大振实密度试验方法测定)为2.03g/cm³。

试验所用集料筛分结果　　　　　表4-4

筛孔尺寸(方孔,mm)			16	9.5	4.75	2.36	1.18	0.6	0.3	0.15
累计通过百分率 (%)	试样1	小碎石	88.2	26.8	4.2	0.9	0.6			
		砂(粗砂)		100	97.3	89.2	76.0	39.9	10.5	1.3
		合成级配	94.1	61.7	48.7	43.2	36.4	19.3	5.5	0.9
	试样2	小碎石	93.3	41.7	5.3	1				
		砂(粗砂)		100	89.2	75.5	60.5	25.6	5.5	1.5
		合成级配	96.2	67.1	49.9	34.0	28.4	14.2	3.8	1.1

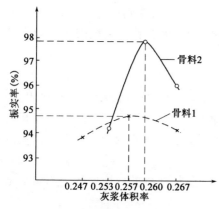

图4-1　两种拌和物振实率与灰浆
体积率的关系曲线

(1)改进VC法

稠度(指在给定振动条件下,碾压混凝土振动液化临界时间)是表征水泥混凝土拌和物和易性的指标。碾压混凝土是一种超干硬性混凝土,目前评价碾压混凝土拌和物稠度的方法有改进VC法、马竭尔击实法和土工击实法。试验结果表明,对于碾压混凝土,马竭尔击实法和土工击实法对外加剂变化反应不敏感,难以准确反映混凝土稠度的变化,所以,国内外主要采用改进VC法。

所谓改进VC法即为改进维勃稠度测定法,采用普通维勃试验设备,增加压盘表面压荷,以混凝土拌和料在维勃振动台上的振动液化临界时间,又称VC值(Vibrating Compaction),表征混凝土拌和物稠度。各国在VC值测定的具体方法上有所区别,如表4-5所示。

(4)混凝土配合比及试验结果。

研究采用上述两种集料,通过改变集料体积与灰浆体积之比,拟定不同配合比进行稠度、最大振实率的对比试验。得到:当水灰比和粉煤灰用量一定时,骨料1和骨料2拌制得到混凝土拌和物的振实率与灰浆体积率关系见图4-1和表4-6。图4-1中两种骨料的关系曲线均表明碾压混凝土有一个最佳灰浆用量,在最佳灰浆用量时,碾压混凝土的振实率最高,即和易性最好。

3.碾压混凝土的和易性测定

由于碾压混凝土非常干硬,用于普通混凝土的稠度测定方法已不适用,因此通过借鉴国内外试验方法,提出如下碾压混凝土的稠度与振实率的试验方法。

各国标准测定碾压混凝土稠度的方法 表4-5

测试方法 标准	维勃振动特性			表面压重		容器尺寸（mm）	测试方法及稠度评定标准（s）
	频率（Hz）	加速度（g）	振幅（mm）	外加质量（kg）	总质量（kg）		
我国《水工碾压混凝土试验规程》（DL/T 5433—2009）	50	5	0.5	15	17.75	φ240×200	混凝土分两次装入插振25次，用捣棒水平括平顶面。圆盘下"全圆面积"出浆时的振动时间
我国《水泥混凝土路施工及验收规程（送审稿）》	50	5	0.5	15	17.75	φ240×200	混凝土分两次装入插振25次，差3cm满平为止。圆盘下"半周边"出浆时的振动时间
日本《碾压混凝土设计与施工指南》	50~60	5	0.5		20	φ240×200	混凝土分两次装入插振25次，用捣棒水平括平顶面。圆盘下"全圆面积"出浆时的振动时间
美国ACI-207标准	50	5	0.5	9.07	12.47	φ240×200	标准圆锥坍落度的混凝土体积在容器中振实（圆盘下"全圆面积"）出浆时的振动时间

该试验过程中，"半周边"出浆不易判断，误差大；"全圆面积"出浆好判断且更能反映拌和物和易性特征。推荐《水工碾压混凝土试验规程》（DL/T 5433—2009）改进型维勃稠度测定法作为机场道面碾压混凝土拌和物稠度的标准测定方法；另外，在进行稠度试验的同时进行振实率试验。

（2）拌和物稠度与振实率测定试验步骤

①混凝土分两次装入容量筒。第一次加到2/3筒高，沿容量筒周边插捣25次；第二次加满混凝土，再插捣25次，用捣棒水平括平顶面。称试样质量（g）。

②将装好试样的容量筒固定在振动台上，装上压盘和压重块，量取滑杆顶部到转向杆之间的初始间距 h_0。

③开启振动台，同时按下秒表，记下圆盘下"全圆面积"出浆时的振动时间（即 VC 值）。

④记下 VC 值后继续振动，直至混合料不再下沉，记录振实时间（s），量取混凝土振实后滑杆顶部到转向杆之间的间距 h_1。

⑤按下式计算混凝土拌和物振实率（k）：

$$k = \frac{\gamma_w}{\gamma} \tag{4-1}$$

式中：γ——混凝土配合比设计理论密度（g/cm^3）。

γ_w——混凝土拌和物振实密度（g/cm^3），按下式计算：

$$\gamma_w = \frac{G}{F(H-h)} \tag{4-2}$$

式中：F——容量筒内底面积（cm^2）；

H——容量筒内高（cm）；

h——混凝土表面下沉高度（cm）；

G——试样质量（g）。

二、碾压混凝土的强度与耐久性

碾压混凝土属于超干硬性混凝土,碾压施工完成后应具备足够的强度和耐久性,以满足使用要求。

1. 强度的影响因素——灰浆用量

空军工程大学研究了灰浆用量和强度的关系。采用前述集料 1 和集料 2,通过改变集料体积与灰浆体积之比,拟定不同配合比混凝土强度的对比试验,研究得到:

当水灰比和粉煤灰用量一定时,集料 1 和集料 2 拌制的混凝土强度与灰浆体积的关系见表 4-6,供参考。表中数据表明碾压混凝土有一个最佳灰浆用量:在最佳灰浆用量时,混凝土强度也最高,这是因为当混凝土所用材料品质和水灰比一定时,混凝土强度主要取决于混凝土内部结构情况,混凝土越密实强度越高。

两种混凝土强度与灰浆用量的关系　　　　　　　　　　　　　表 4-6

集　料	骨料：灰浆（体积比）	混凝土抗折强度（MPa）	混凝土抗压强度（MPa）
骨料 1	0.733∶0.267	5.3	33.5
	0.743∶0.257	5.6	46.3
	0.753∶0.247	4.7	44.0
骨料 2	0.740∶0.260	8.4	57.1
	0.733∶0.267	8.3	53.0
	0.747∶0.253	7.2	48.6

2. 碾压混凝土抗折强度试件成型方法

我国公路碾压混凝土抗折试件成型方法如图 4-2、图 4-3 所示。手扶式振动成型机由平板振动器改装而成。试验时,将振动成型机置于压板上,开机振至混合料下沉限位杆与套模顶面平齐为止。此方法需要特制一台手扶式振动成型机,而且该机笨重,试验操作劳动强度大。

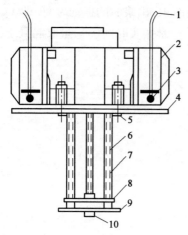

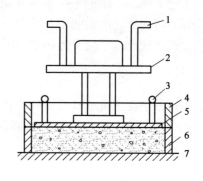

图 4-2　手扶式振动成型机结构
1-扶手;2-振动器;3-弹簧;4-底板;5-螺栓;6-套管;7-螺杆;8-弹簧成型板;9-成型压板;10-压板连接螺栓

图 4-3　试件成型示意图
1-把手;2-平板振捣器;3-限位杆;4-套模;5-压板;6-试模;7-地面

本方法成型试件时,试件的最大振实密度可以达到理论密度的 0.99,试件振实时间为 $37 \sim 55s$;试件拆模后的外观情况为周边泛浆充分。由此可见,该方法简单实用,能保证碾压混凝土强度检测要求。

第四节　碾压混凝土配合比设计

普通道面混凝土配合比设计方法要先依据混凝土水灰比与强度关系式计算确定一个初始水灰比,水灰比的范围一般为 $0.42 \sim 0.50$,而道面碾压混凝土的水灰比一般都在 0.40 以下,只要满足碾压混凝土的和易性要求,碾压混凝土可以达到很高的强度。因此,碾压混凝土配合比设计的关键是要满足拌和物和易性要求。根据前节最佳灰浆用量理论,提出碾压混凝土配合比设计方法供参考如下。

(1)确定粗、细骨料掺配比例

控制机场道面碾压混凝土骨料的最大粒径一般为 20mm,要求符合级配标准。

(2)初步确定最佳灰浆用量

碾压混凝土最佳灰浆体积,介于所用骨料最大振实密度时的孔隙体积和骨料紧堆积密度时的孔隙体积之间。故最佳灰浆体积可以按下述方法步骤确定:

①分别测定粗、细骨料的表观密度 γ_1、γ_2。

②分别测定混合骨料的紧堆积密度和振实密度 $\gamma_{紧}$、$\gamma_{振}$。

③按下式计算混合骨料的平均表观密度 Δ(g/cm^3):

$$\Delta = \frac{100}{\dfrac{A_1}{\gamma_1} + \dfrac{A_2}{\gamma_2}} \tag{4-3}$$

式中:A_1——粗骨料所占质量百分率(%);

　　　A_2——细骨料所占质量百分率(%);

　　　γ_1——粗骨料表观密度(g/cm^3);

　　　γ_2——细骨料表观密度(g/cm^3)。

④计算骨料最大振实密度时的孔隙体积($V_{振}$)和骨料紧堆积密度时的孔隙体积($V_{紧}$):

$$V_{振} = 1 - \frac{\gamma_{振}}{\Delta} \tag{4-4}$$

$$V_{紧} = 1 - \frac{\gamma_{紧}}{\Delta} \tag{4-5}$$

⑤确定最佳灰浆体积初始值(V_c):

$$V_c = \frac{V_{振} + V_{紧}}{2} \tag{4-6}$$

(3)计算碾压混凝土单位体积材料用量

在水胶比、粉煤灰掺量一定条件下,以最佳灰浆体积初始值(V_c)为中值,上下变化 0.01,按下列方法、步骤计算 3 个混凝土配合比。

①根据经验选定水胶比(a),一般取 0.35 ~ 0.38。掺减水剂时,水胶比可适当降低。

②选定粉煤灰掺量(n)。通常,Ⅰ级粉煤灰,n 取 25% ~ 35%;Ⅱ级粉煤灰,n 取 20% ~ 30%。

③根据确定的水胶比 a、粉煤灰掺量 n、1m³ 混凝土中灰浆绝对体积 V_c,可由下列公式联立求解得 1m³ 混凝土中水泥用量(C)、粉煤灰用量(F)、水用量(W):

$$\frac{W}{F + C} = a \tag{4-7}$$

$$\frac{F}{F + C} = n \tag{4-8}$$

$$W + \frac{C}{G_c} + \frac{F}{G_f} = 1000 V_c \tag{4-9}$$

式中:G_c——水泥密度(kg/L);

G_f——粉煤灰密度(kg/L)。

令:

$$b = \frac{n}{1 - n}$$

则:

$$F = bc$$

代入分别得:

$$W = a(1 + b)C$$

$$W + \frac{C}{G_c} + \frac{bC}{G_f} = 1000 V_c$$

换算整理得:

$$C = \frac{1000 V_c}{(1 + b)a + \frac{1}{G_c} + \frac{b}{G_f}}$$

按式求出水泥用量(C),并分别求出粉煤灰用量(F)和水用量(W)。

④计算骨料用量(G)。依据骨料平均表观密度(Δ)和 1m³ 混凝土中集料的绝对体积($1 - V_C$),求出骨料总用量(G),再依据粗、细骨料掺配比例,求出碎石用量和砂用量(单位:kg/m³)。

$$G = 1000\Delta(1 - V_c)$$

(4)试配和强度检验

①试配确定最佳灰浆体积。按计算出的 3 个配比分别制备拌和物,进行拌和物稠度和振实率试验,绘出振实率与灰浆体积的关系曲线,最大振实率对应的灰浆体积即为最佳灰浆体积。

②强度检验。为了加快工作进度,在最佳灰浆体积不变的条件下,应同时平行进行 3 种以上不同水胶比的混凝土配合比的计算、试配与强度校核工作,从中选择强度符合公式要求,满足 $k \geq 96\%$ 且"改进 V_c"值为 20 ~ 36s 的和易性要求,又比较经济的配合比。

第五节　碾压混凝土施工质量控制

一、原材料及配合比的质量控制

1. 水泥等胶凝材料

硅酸盐水泥、普通硅酸盐水泥、矿渣硅酸盐水泥、火山灰质硅酸盐水泥、粉煤灰硅酸盐水泥等均可采用,但要控制水泥质量合格并符合要求。

碾压混凝土施工对掺合料与外加剂的选择均较严格,而两者的选用均以一定的厂家生产的水泥品种及强度等级为依据。配合比及施工工艺参数也根据此条件选定,中途易厂可能会带来施工质量事故。

碾压混凝土具有水泥用量少、水化热低、可连续铺筑等优点。这些优点能否充分发挥,很大程度决定于掺合料的料源与品质。因此,对掺合料料源的调查与试验研究应当在方案选定以前有初步结论,不宜先定方案,后选掺合料。

国内外碾压混凝土施工中多掺用粉煤灰。实践证明,火山灰质材料(如火山灰、凝灰岩粉等)可作为碾压混凝土的掺合料。粉煤灰作为掺合料的使用经验比较成熟(特别是符合国家标准的Ⅰ、Ⅱ级粉煤灰),应优先选用。质量达不到标准的粉煤灰,往往因烧失量大、形貌特性和结构特性较差而难于达到工程使用目的,应经试验论证方可掺用。

2. 骨料

国内施工实践发明,使用碎石比用天然骨料拌制出的碾压混凝土抗分离性能好,可碾性好,混凝土的抗压强度较高。

碾压混凝土用水量少,对砂石料的含水率极为敏感,故严格规定不得使用刚筛洗的骨料拌制混凝土。规定砂子在成品料场堆放期限,目的在于让砂石有一定的脱水时间,并供编制施工组织设计时考虑成品料仓的大小与数量。

根据国内外施工资料,细骨料的细度模数宜控制为 2.2~3.0。石粉在碾压混凝土中起到微骨料的作用,对节约水泥、降低水化热、改善混凝土性能都有明显效果。有关数据报道,石粉掺量可达 17%~20%,但从人工砂生产工艺来说,范围定在 8%~17% 是比较恰当的。

增大骨料最大粒径对节约水泥、降低混凝土绝热温升等有利,但粗骨料最大料径的增大使碾压混凝土分离趋于严重。国外资料表明,间断级配碾压混凝土分离严重,故不宜使用。

3. 外加剂

由于碾压混凝土胶凝材料用量少且采用薄层大仓面铺筑施工工艺,为改善混凝土的可碾性,需掺用减水剂;为防止出现冷缝、有效地发挥快速施工的特点,需掺用缓凝剂。目前,国内一般掺用木质素黄酸钙、萘系、糖蜜等具有缓凝、减水双重作用的外加剂。有抗冻要求的建筑物的外部碾压混凝土一般还需掺用引气剂等。

4. 配合比设计

碾压混凝土的配合比应满足工程设计的各项指标及施工工艺要求,包括:混凝土质量均匀,施工过程中粗骨科不易发生分离;和易性适当,拌和物较易碾压密实,混凝土密度较大;合适气温条件下的 VC 值取为 20s。

施工实践表明:单位立方米碾压混凝土中胶凝材料用量低于 120kg 时,则硬化后的混凝土抗渗性能差。对于水工大体积混凝土,为了保证配制出的碾压混凝土内部满足抗渗要求,要求单位胶凝材料用量不宜低于 130kg。对于永久性建筑物,国内目前使用最低的水泥用量是 55kg/m³,为保证建筑物的安全,在未经充分论证可以进一步降低水泥熟料用量的情况下,建议限定水泥熟料用量不低于 45kg/m³。

二、施工质量控制

1. 铺筑前准备

碾压混凝土施工的特点是快速、连续施工。整个生产系统的任一个环节出现故障、不协调或不配套情况,都会影响工程进度及碾压混凝土特点的发挥。带斜拉条的模板,其斜拉条将妨碍卸料、平仓及碾压施工作业,故碾压混凝土施工所用的模板不宜设置斜拉条。

2. 拌和

强制式搅拌机适于拌制干硬性混凝土。根据国外施工经验及水电站导墙、观音阁水电站的施工实践,用强制式搅拌机拌制碾压混凝土,不仅质量好,而且拌和时间短。根据国内外施工实践,自落式搅拌机也可以拌制出好的碾压混凝土。

碾压混凝土拌和物与常态混凝土拌和物特性有明显的差异。混凝土拌和均匀所需时间受混凝土配合比、搅拌设备类型及投料顺序等的影响。故应通过拌和试验确定投料顺序和拌和时间。

对碾压混凝土,卸料时落差越大,骨料分离越严重。故要控制混凝土拌和物的自落高度。

3. 运输

用溜槽直接运输混凝土,骨料分离严重,故规定不得用溜槽直接运输混凝土。

车轮夹带的污物、泥土等将影响混凝土层面的胶结质量;水分的带入将改变混凝土的工作度和水胶比,影响混凝土质量;汽车紧急制动和急转弯将破坏强度还不高的混凝土表面,并影响层面胶结。

用皮带输送机输送碾压混凝土时,可在皮带机上设防阳棚,减少水分蒸发;设置刮浆板减少水泥浆损失。转运时设置缓冲装置以减少骨料分离。

采用吊罐直接运料入仓,混凝土骨料分离较严重。可采用吊罐卸料于集中储料斗,再由自卸汽车、装载机等分送至仓面的方法。

4. 卸料和平仓

我国大多数工程使用的是低水泥(50~60kg/m³)高粉煤灰掺量碾压混凝土,水化热较低且放热缓慢。

采用退铺法依次卸料,经平仓后可以减少骨料分离。平仓方向与坝轴线平行是为了避免形成顺水流方向的薄弱面。

碾压混凝土的平仓采用法,如层厚为 30cm 时,一般分两次铺料,每次铺 17cm,压实后为 30cm 左右。这样多次平仓薄层除改善骨料分离状态外,同时还起到一定的预压实作用。

为保证压实质量,碾压厚度应一致。厚薄不均会导致厚处未压实,薄处已过振,影响施工质量和施工速度。向下游面倾斜对坝体抗滑稳定和抗渗不利。

5.碾压

根据我国几个工程的实践,德国生产的 BW-200 型及 BW-201AD 型振动压路机比较适用。BW-200 型机型较灵活,适合于中小型工程及小仓面。也可采用国内洛阳产 YZJ-10A 型、YZJ-10P 型以及 YZS-60A 型、YZS-60B 型振动压路机等。碾压施工时振动碾的行走速度直接影响碾压效率及压实质量。国内施工实践证明,行走速度过快会导致压实效果差。适当增加碾压遍数时,速度可提高至 1.5km/h。碾压厚度若小于最大骨料粒径的 3 倍,则最大粒径骨料将影响压实效果或骨料被压碎。不同的振动碾所能压实的厚度不同,同一配合比的拌和物对于不同的振动碾所需的压实遍数也不同。碾压厚度和碾压遍数可通过现场试验并结合生产系统的综合生产能力确定。

6.养生和防护

应及时切缝。施工间歇期间,碾压混凝土终凝后即可以开始养护工作。碾压混凝土单位用水量较少,早期强度较低,为防止裂缝的发生,养护时间须比常态混凝土长。

第六节　道面碾压混凝土研究应用

以某机场现场试验段铺筑的情况为例介绍关于碾压混凝土的施工。该试验段长 31.5m,宽 8m,混凝土厚 22cm,基层为 15cm 厚石灰土。

一、碾压混凝土组成材料及配比

(1)水泥。某 42.5R 普通硅酸盐水泥,28d 抗折强度为 7.1MPa,抗压强度为 47.6MPa,密度为 3.1g/cm^3。

(2)粉煤灰。某电厂Ⅱ级粉煤灰,密度为 2.2g/cm^3,细度为 17.9%,需水量比为 98%,烧失量为 3.4%,三氧化硫含量为 1.9%。

(3)骨料。

碎石:石灰岩,粒径 20～10mm、10～5mm 两级配,按优选法进行掺配,最佳掺配比例为 1:1,表观密度为 2.7g/cm^3。

砂:河砂,表观密度为 2.65g/cm^3,细度模数为 3.1。

按优选法将碎石和砂进行掺配,得最佳砂率为 44%(质量比),紧堆积密度为 1.92g/cm^3,振实密度(在维勃振动台按混凝土混合料最大振实密度试验方法测定)为 2.03g/cm^3。

(4)混凝土配比

根据上节中混凝土配合比设计方法确定。

二、碾压机械设备

两台自落式搅拌机:一台容积为 250L,另一台容积为 400L。

压路机三台:一台为 6～8t 静力式双光轮压路机;一台为静重 9t 的单轮振动压路机(CA-25 型);另一台为静重 6.5t 的双轮振动压路机(CC-21 型)。

三、碾压施工方法

后台人工手推车上料,两台搅拌机同时拌和,手推车运送混合料。

试验段外侧支模,分3幅铺筑,纵向施工缝采用半湿接方式。混合料用人工摊铺。因试验段只有31.5m长,所以碾压作业都是在每幅摊铺完后进行。

碾压作业采用两种不同型号的振动压路机(主要参数见表4-7)对比试验:

(1)CA-25型。先用6～8t静力式双光轮压路机静压2遍,然后用CA-25型振动压路机振压4～6遍,最后用6～8t静力式双光轮压路机收光两遍。

(2)CC-21型。先不开振静压两遍,然后振压4～6遍,最后停振静压收光两遍。

CA-25型、CC-21型压路机主要参数   表4-7

型　号	CA-25型压路机	CC-21型压路机	型　号	CA-25型压路机	CC-21型压路机
工作质量(t)	9.0	6.5	振幅(mm)	1.74/0.82	0～1.6/0～1.1
直径(mm)	1524	1044	激振力(kN)	198/93	34.5～70
宽度(mm)	2134	1397	行走速度(km/h)	0～6/0～13	
频率(Hz)	29	50	整机结构形式	单钢轮振动	双钢轮振动

外侧碾压,压路机尽量贴近模板。在纵向接缝处,先铺幅预留30～40cm不碾压,待下一幅摊铺完后再碾压两幅间的纵向接缝。下一幅摊铺混合料时,先将上一幅接缝处未碾压的混合料挖开,摊铺在底面,上面再重新摊铺湿混凝土。

在碾压过程中,对表面出现露石的部位,及时洒铺细料。表面过干,不能振碾出浆的部位,用喷壶适量洒水。振碾出现翻浆时,立即停止碾压,挖开翻浆部位的混凝土,换填后继续碾压。

碾压结束后覆盖塑料布,按常规方法洒水养生7d。

四、接缝处理

在混凝土铺筑过程中,整个试验段不留纵横缝,待第三天切缝。试验段混凝土板基本尺寸为4m×4m,保留了一块大板,尺寸为11.8m×8m。

五、混凝土密度和强度检验

试验段混凝土龄期达到28d后,钻取芯样,检验混凝土强度结果见表4-8。

混凝土密度和强度检验结果   表4-8

试件编号＼试验结果	试件尺寸(cm)		试件质量(g)	试件密度(g/cm³)	破坏荷载(kN)	劈裂抗拉强度(MPa)	换算抗折强度(MPa)
	直径	长度					
2-1	14.64	14.84	5900	2.362	101.5	2.97	5.8
2-2	14.64	15.10	6060	2.384	132.2	3.81	6.4
2-3	14.74	15.25	6216	2.389	121.1	3.43	6.1
1-1	14.63	14.62	5904	2.402	134.5	4.00	6.5
1-2	14.67	14.85	6009	2.394	146.2	4.27	6.7
1-3	14.63	15.17	6123	2.409	157.2	4.51	6.9

从钻芯试样混凝土和紧贴模板的外侧混凝土的外观情况看,碾压混凝土振碾泛浆充分、密实。

六、施工质量控制

1.混合料拌和

因条件限制,采用两台小型自落式搅拌机(容积分别为 250L、400L)拌和混合料,由于混合料碾压需要摊铺到一定长度后才能进行碾压作业,使得前面摊铺的混合料因等待时间较长,表面失水过多,振碾时出浆比较困难的情况。所以,为了保证表面充分泛浆,碾压混凝土混合料应采用容积大的强制式搅拌机拌和,尽可能缩短混合料摊铺后等待碾压的时间。当采用沥青混凝土摊铺机摊铺混合料时,拌和站生产能力应与摊铺机的生产率基本匹配,使摊铺、碾压作业连续进行,这有利于提高道面的平整度。

2.混合料摊铺

因条件限制,只能采用人工摊铺混合料。从现场试验情况看,人工摊铺混合料难以保证道面高程和表面平整度。根据对公路碾压混凝土路面施工的调研,采用沥青混凝土摊铺机摊铺,完全可以保证道面高程和平整度满足规范要求。

目前,国内进口的 ABG411 型、ABG422 型、国产伏格勒 S-1800 型和 S-2000 型等摊铺机具有高密实、自动找平的性能,预压密实度达到 85% 以上,最大摊铺宽度达 12m,最大摊铺厚度可达 30cm,平整度能满足 3m 直尺最大间隙不大于 3mm 的要求。机场道面碾压混凝土混合料摊铺,应选用这类摊铺机。摊铺机摊铺混凝土混合料的松铺系数宜为 1.05 ~ 1.15,摊铺速度为 0.6 ~ 0.9m/min。

混合料摊铺后,应在碾压前覆盖塑料布,避免混合料表面失水过多,影响碾压质量。

3.混合料碾压

从此次试验段的碾压情况看,CA-25 型和 CC-21 型振动压路机的压实效果都比较好,但采用 CC-21 型振动碾压时,表面泛浆及平整度都比 CA-25 型要好。所以碾压混凝土宜选用高频率、低振幅、自重为 6 ~ 10t 的双钢轮振动压路机。

碾压混凝土碾压作业应分初压、复压、终压三步进行。初压即压稳,振动压路机不开振碾压一个往返,碾压速度为 1.5 ~ 2km/h;复压,振动压路机开振碾压到规定的压实度为止,碾压速度不超过 3km/h;终压起收光、消除表面微裂纹的作用,采用钢轮压路机静压一个往返,有条件用胶轮压路机或裹胶钢轮压路机碾压效果更好,碾压速度为 4 ~ 6km/h。

在振碾过程中,表面局部偏干,不能泛浆时,可以适量喷洒雾状水碾压;表面局部混合料离析露石时,可筛一些细混合料填补。

碾压作业时,压路机的碾轮表面要始终保持湿润,避免碾轮黏浆。

碾压作业结束后,对表面局部麻面可填补湿的细混合料,用抹光机抹压,可以起到泛浆的效果。

4.接缝处理

该试验段分三幅连续铺筑,摊铺时不设横缝,纵缝采用半湿接方式。从接缝部位钻取的芯样看,芯样外表没有接缝痕迹,混凝土强度也没有降低。所以,碾压混凝土分幅摊铺时,接缝在不能采用湿接的情况下,可以采用半湿接方式。

每班结束,端头施工缝可做成斜坡,碾压结束后,将斜坡混凝土铲除;或者采用缓凝法,即加大端头混凝土缓凝剂用量,使端头混凝土在下一班施工时没有终凝,能与新铺混凝土结合为一体。

当混凝土强度达到切缝要求时(以不打边为原则),应及时切缝,避免产生断板。由于碾压混凝土用水量少,收缩率也相应减小,所以可以加大混凝土板的接缝间距,有资料介绍,接缝间距可以增加到 10~15m。此次试验段保留一块大混凝土板,尺寸为 11.8m×8m,经过一年的使用,完好无损。

5. 表面抗滑处理

由于碾压混凝土表面砂浆很少,普通混凝土的拉毛、压槽方法均不适用,但可以像普通混凝土一样采用刻槽的方法实现道面的抗滑要求。还有资料介绍,采用缓凝裸露的方法,即在碾压完成后,喷洒缓凝剂,使表层形成浮浆,在板体结硬时,用水将表层浮浆冲除,骨料外露而形成抗滑表面。

6. 施工质量控制

严格控制混合料稠度。混合料稠度对压实效果、表面平整度影响很大。现场对混合料稠度的控制,应视施工气温而定,以混凝土振碾充分泛浆而又不产生"弹簧"现象为原则。

控制混合料的虚铺厚度。混合料的虚铺厚度与压实、摊铺机械的性能密切相关,在实际工程中,应通过铺筑试验段确定。

用灌砂法、核子湿密度仪控制现场压实度。压实度是直接影响混凝土强度的重要因素,施工中应严格控制。根据此次试验结果,现场碾压后的混凝土密度不宜小于混凝土配比设计理论密度的96%。

现场取样制作小梁试件及在道面板上钻取芯样,检测混凝土强度。

碾压混凝土可以作为单层式结构应用于机场道面面层。用碾压混凝土修建机场道面具有施工工期短、接缝少、混凝土强度高、节约水泥等优点;尤其是战时用碾压混凝土抢修机场道面,具有施工简便、速度快、强度高、碾压成型后很快就可开放飞行的优点。使用快硬硫铝酸盐水泥,应用碾压混凝土工艺技术,能满足战时快速抢修机场道面的要求。

第五章　道面纤维混凝土

第一节　概　　述

一、纤维混凝土的组成和分类

纤维增强混凝土,简称纤维混凝土(Fiber Reinforced Concrete,简称FRC),是以水泥浆、砂浆或混凝土为基体,以金属纤维、无机非金属纤维、合成纤维或天然有机纤维为增强材料组成的复合材料。美国混凝土协会(ACI)的定义为:纤维增强混凝土是含有细骨料或粗、细骨料的水硬性水泥与非连续的分散纤维组成的混凝土,连续的网片、织物等不属于分散纤维类的增强材料。我国《纤维混凝土结构技术规程》(CECS 38—2004)中定义为:在水泥基混凝土中掺入乱向分布的短纤维形成的复合材料,包括钢纤维混凝土、合成纤维混凝土等。

纤维混凝土以其基体不同,可分为以下两种:

(1)纤维水泥。由纤维与水泥浆或掺有细粉活性材料或填料的水泥浆组成的复合材料,多用于建筑制品,如石棉水泥瓦、石棉水泥板、玻璃纤维水泥墙板等。

(2)纤维砂浆。在砂浆中掺入纤维,多用于防裂、防渗结构。如聚丙烯纤维抹面砂浆、钢纤维防水砂浆等。

纤维按纤维种类通常可分为硬纤维和软纤维,按纤维材料性能和纤维质地又可分为有机纤维和无机纤维。目前在土木工程中较为常用的合成纤维有聚丙烯纤维、聚丙烯腈纤维、聚酯纤维、尼龙纤维等。纤维按模量可分为高弹性模量纤维和低弹性模量纤维;按照粗细程度可以分为粗纤维和细纤维;按长度可以分为长纤维和短纤维;按形状又可以分为单丝及膜裂网状纤维。

就目前的研究应用状况来看,用于水泥混凝土中的纤维主要有钢纤维、碳纤维、合成纤维等。其中,用于机场道面水泥混凝土的主要是合成纤维,所以对其他纤维混凝土只作简单的介绍。

1. 钢纤维混凝土

钢纤维混凝土是发展最早的一种纤维混凝土。早在1910年美国Porter就提出在混凝土中掺入钢纤维以强化材料性能的设想。1963年,美国Romualdi提出了"纤维阻裂理论"促进了钢纤维增强混凝土的开发,从20世纪70年代起钢纤维增强混凝土(Steel Fiber Reinforced Concrete,缩写SFRC)开始进入实用阶段。

我国在钢纤维的研究应用方面起步较早,目前已出版不少钢纤维混凝土的专著,对钢纤维混凝土的组成材料与工艺特性、基本性能、结构强度计算、工程应用等都做了较为完整的论述。中国工程建设标准化协会在1989年就颁布了《钢纤维混凝土试验方法》,1992年颁布了《钢纤维混凝土结构设计与施工规程》（CECS 38—1992），为钢纤维混凝土在我国的推广应用起了很大的推动作用。

钢纤维高强混凝土作为一种新型工程材料，与传统混凝土相比，其抗拉、抗弯、抗剪、抗冲击等性能均有显著提高和改善。钢纤维的应用场合主要有：

（1）公路路面、桥面、机场道面、码头铺面等，用于提高这些面板结构的抗裂性、弯拉强度、弯曲韧性、耐冲击、耐疲劳等。

（2）房屋和桥梁结构、水工结构、特种结构中，用于裂缝控制、提高抗剪和抗震性等。

（3）隧道等喷射混凝土衬砌、支护。

（4）层面、地下室、水池等防水、防渗结构。

（5）军事工程中抗爆、抗侵彻结构等。

但钢纤维的价格较高，大掺量时易于成团，分散性较差，限制了钢纤维混凝土的推广应用。

在公路工程中，钢纤维混凝土已有不少应用，并写入了公路水泥混凝土路面设计规范中。钢纤维混凝土在机场道面中虽有局部应用，但未大面积推广。

2. 碳纤维混凝土

碳纤维（俗称碳素纤维）是 20 世纪 60 年代利用现代加工技术生产开发研制的一种高性能纤维。它具有抗拉强度和弹性模量高、化学性质稳定、耐腐蚀性好、与混凝土黏结良好的优点，但其价格昂贵，过去主要应用于航天与特殊民用行业。近些年来，随着材料技术的发展，其生产成本不断降低，人们开始考虑在土建工程中应用，并进行了大量的有关试验研究。目前的试验结果表明，碳纤维可以极大改善混凝土的性能，大幅度提高混凝土的抗拉强度和弯曲韧性。

虽然碳纤维成本较之以前有所降低，碳纤维混凝土得到了研究应用，但相对于其他种类的纤维价格还是昂贵，目前碳纤维混凝土的实际应用还很少，主要应用于建筑物的加固工程。此外碳纤维混凝土还具有实时诊断内部损伤的机敏特性，被用于智能混凝土的研究当中。

综上所述，虽然目前碳纤维的成本较高，尚不能大规模应用，但由于其优良的性能，国内外对其应用技术研究十分活跃，随着科技和化学工业的发展，碳纤维混凝土将是一种大有前途的建筑材料。

3. 合成纤维混凝土

合成纤维混凝土是近十年来的后起之秀，随着化学工业技术的进步，各种性能优良的合成纤维不断出现，与其他纤维相比具有密度小、单丝直径小、价格适宜、耐酸碱、易于分散等特性，被越来越多地用于工程实践中。目前常用的合成纤维主要有聚丙烯纤维、改性聚酯纤维、聚丙烯腈纤维、尼龙纤维等。

合成纤维混凝土的研究及应用开始于 20 世纪 60 年代，于 70 年代获得了较大的发展，80 年代已被大规模地应用于新建工程和修补工程。目前，美国合成纤维混凝土的使用量已占混凝土总量的 7%，数量已远远超过先期开发的钢纤维混凝土（3%），被誉为近代混凝土技术的新发展。合成纤维混凝土的研究和应用的历史虽然不长，但发展非常快，目前研究极为活跃。随着合成纤维成本的降低，应用会越来越广泛。

二、纤维的种类

纤维弹性模量是否高于基体混凝土的弹性模量，其增强增韧效果有明显差异，故可分为两类:高弹模纤维增强混凝土和低弹模纤维增强混凝土。

1. 高弹模纤维

金属纤维:钢纤维、不锈钢纤维、钢棉等。

无机非金属纤维:石棉、矿棉、玻璃纤维、碳纤维、陶瓷纤维等。

高弹模合成纤维:芳纶纤维、高弹模聚乙烯纤维等。

2. 低弹模纤维

天然有机纤维:纤维素纤维、麻纤维、草纤维等。

合成纤维:聚丙烯纤维、聚丙烯脑纤维、尼龙纤维等。

为了获得需要的纤维混凝土特性和较低成本,有时将两种或两种以上纤维复合使用,称为混杂(或混合)纤维混凝土。

通常,纤维是短切、乱向、均匀分布于混凝土基体中。但是有时采用连续的纤维(如单丝、网、布、束等)分布于基体中,称为连续纤维增强混凝土。

三、纤维对混凝土性能的作用

对于合成纤维混凝土的研究除了机理方面的理论研究外,有很多人做了相应的试验来研究合成纤维对混凝土的性能影响。

1. 对混凝土强度的影响

长安大学公路学院陈拴发的研究结果证明同水灰比条件下掺加 $0.9kg/m^3$ 聚丙烯纤维,混凝土的抗压强度提高 6.75%,抗折强度提高 13.86%。陈宏友的试验表明,掺加 $1.8kg/m^3$ 聚丙烯纤维后,抗压强度提高 15%,抗折强度提高 13%,劈裂强度提高 17%。邓宗才等的试验表明,掺加 $1.3kg/m^3$ 聚丙烯纤维后直接抗拉强度提高 20%。但是同济大学建筑材料研究室姚武等的研究结果则表明,在水灰比保持 0.44 的条件下,掺入聚丙烯纤维混凝土的抗折强度有一定损失。广东工业大学的苏健波、李士恩在美国、日本、韩国和我国七家实验室数据的基础上,选择了 80 组力学实验数据进行统计分析,结果表明当聚丙烯纤维掺量小于 0.1% 时,纤维混凝土的立方体抗压强度没有明显提高;当聚丙烯纤维掺量大于 0.1% 时,聚丙烯纤维混凝土的力学性能比普通混凝土还要低。胡红雨对掺聚丙烯腈纤维的混凝土进行试验,表明抗折强度提高 12%,抗压强度提高不明显。

2. 对混凝土收缩变形和抗裂性的影响

许多学者的试验表明:掺加合成纤维可显著提高混凝土的抗裂性,特别是早期抗裂性,减少收缩裂缝。东华大学大学化纤研究所的郭海洋、刘建树做了改性聚丙烯纤维对混凝土开裂的影响试验,结果表明在同一条件下纤维长度对抗裂性的影响有一个峰值,纤维长度为 15 ~ 25mm 时比较理想。

对于聚丙烯纤维对混凝土的收缩变形的影响,研究结果不完全一致。李光伟所做的聚丙烯纤维混凝土收缩变形试验结果表明,掺入一定量的聚丙烯纤维可以明显地减少混凝土的收缩变形。而葛其荣、郑子祥等的研究结果表明,掺与不掺聚丙烯纤维,在 28d 内干缩率基本相同,但 60 ~ 90d 时,聚丙烯纤维混凝土的干缩量比普通混凝土减少 5% ~ 7%。

3. 对抗渗性的影响

哈尔滨工业大学的孟彬、赵晶等对掺 0.1% 体积率的改性聚丙烯纤维进行抗渗试验,表明纤维混凝土的渗水高度比普通混凝土降低了73%,氯离子渗透系数降低了40%。青岛理工大学的姜雪洁等的试验也表明纤维对提高抗渗性有很大帮助。清华大学的冷发光、韩跃伟等对两种聚丙烯纤维的抗氯离子渗透性能做了试验研究,结果表明:水灰比较低时,掺入纤维可以提高混凝土抗氯离子渗透能力,水灰比较高时,掺入纤维却使混凝土抗氯离子渗透能力稍有降低,从总体看,掺入纤维对混凝土的氯离子渗透性影响不大。湖北省建筑科学研究设计院的曹芳等对杜拉纤维混凝土的抗渗性能做了研究,结果表明杜拉纤维不能提高混凝土的抗渗性能。

4. 对抗冻性的影响

同济大学的姚武用聚丙烯腈进行试验,不但纤维混凝土抗冻融性有较大幅度的提高,而且在低温环境下养护的纤维混凝土,强度损失远比普通混凝土小得多。河北工业大学王玲等对聚丙烯纤维和混杂纤维混凝土进行冻融与盐冻试验,表明单掺聚丙烯纤维的混凝土抗冻性有一定提高,但幅度有限,当聚丙烯与钢纤维混掺时,提高幅度较大。

5. 对耐磨性的影响

东华大学刘卫东、王依民的试验表明,纤维混凝土的磨耗量比普通混凝土减少一半左右,南京水利水电科学研究院卢安琪、李克亮等对聚丙烯纤维混凝土的耐磨性进行试验,表明纤维混凝土的耐磨强度可提高33% ~58% 。

综上所述,在混凝土中掺加合成纤维对混凝土强度、抗裂性、抗渗性、抗冻性、耐磨性等都有一定的影响。但由于所用的纤维品种和掺量、基准混凝土的材料和配合比、试验条件和方法等不同,得出的结论不一,有些甚至有相反的结论。因此,在工程应用中要根据具体的条件,进行有针对性的试验,才能得到符合实际的结论。

四、纤维混凝土的特性

自从1824年英国人发明波特兰水泥以来,水泥工业和混凝土材料在不到200年的历史中,有了突飞猛进的发展。在当代五大工程材料(混凝土、砌体、钢材、木材、合成材料)中,混凝土的用量最大、应用范围最广。其原因在于:原材料容易获得,耗能和成本相对较低,成型和施工相对简便,采用钢筋增强和预应力技术所筑成的工程结构坚固耐用,承载力高、稳定性好,经专门设计和采取防护措施,结构的抗震性能和耐久性也可满足要求。但混凝土材料本身抗拉强度低、韧性差等固有弱点依然限制其优势的发挥。为克服混凝土的弱点,人们一直致力于混凝土的改性研究,采用纤维增强混凝土则是一种重要的解决途径。

纤维的掺入,使混凝土性能发生明显改善,和普通混凝土相比,纤维混凝土具有以下特点:

(1)在配合比设计和拌和工艺上采取相应措施可使纤维在基体中分散均匀,拌和物具有良好的施工性能。由于拌和物黏聚性增加,可用于某些特殊施工需要,如掺用合成纤维来增强水下混凝土的不分散性等。

(2)与普通混凝土相比,纤维混凝土的抗拉强度、弯拉强度(又称折断模量、抗弯强度、抗折强度)、抗剪强度均有提高,尤其是对于高弹模纤维混凝土或高含量纤维混凝土提高的幅度更大。

(3)纤维在基体中可明显降低早期收缩裂缝,并可降低温度裂缝和长期收缩裂缝。

(4)纤维混凝土的裂后变形性能明显改善,弯曲韧性($P\text{-}\Delta$ 曲线下某一变形前的面积)提高几倍到几十倍,压缩韧性有一定程度提高,极限应变也有所提高。受压破坏时,基体裂而不碎。

（5）纤维混凝土的收缩变形和徐变变形较基体混凝土有一定程度降低。

（6）纤维混凝土的抗压疲劳和弯拉疲劳性能，以及抗冲击和抗爆炸性能显著提高。

（7）高弹模纤维增强混凝土用于钢筋混凝土和预应力混凝土构件，可显著提高构件的抗剪强度、抗冲切强度、局部受压强度和抗扭强度，并延缓裂缝出现，降低裂缝宽度，提高构件的裂后刚度，提高构件的延性。

（8）由于纤维可降低混凝土微裂缝和阻止宏观裂缝扩展，故可使其耐磨性、耐空蚀性、耐冲刷性、抗冻融性和抗渗性有不同程度的提高；使侵蚀介质侵入基体的速率降低，对钢筋混凝土构件中钢筋的防腐蚀有利。

（9）纤维混凝土中纤维的耐腐蚀和耐老化与纤维品种和基体特性有关。

在碱性环境中不受腐蚀、耐紫外线、耐候性好的纤维，如碳纤维、石棉纤维可较好地增强水泥混凝土的耐久性。

钢纤维增强混凝土，当基体混凝土满足耐久性要求时，钢纤维的锈蚀基本在表面5mm范围内，且不锈胀，故可满足结构耐久性要求。

合成纤维耐紫外线老化性能低的，如聚丙烯纤维，由于水泥石和骨料的保护，基体内部纤维不产生老化，纤维老化基本在构件表面5mm范围内。细微的老化纤维也不对表面混凝土强度和密实性产生明显影响。

普通玻璃纤维在碱环境中老化很快，不可用于水泥基复合材料。采用耐碱玻璃纤维和低碱水泥制作的玻璃纤维水泥制品，可满足耐久性要求。

（10）某些特殊纤维配制的混凝土，其热学性能、电学性能、耐久性能较普通混凝土也有变化。如石棉水泥板绝热性能、耐久性能优良；碳纤维混凝土导电性能显著提高，并具有一定"压阻效应"；线胀系数为零或负值的碳纤维、芳纶纤维一定程度上可限制变温作用下的基体胀缩，从而降低纤维混凝土的温度裂缝；低熔点合成纤维配制的纤维混凝土在火灾过程中，细微纤维熔化可降低混凝土的爆裂。

五、纤维混凝土的工程应用

纤维混凝土在工程中应用比较广泛，用量较大的有石棉纤维水泥制品和玻璃纤维水泥制品，钢纤维混凝土以及合成纤维混凝土。

钢纤维混凝土最早出现于1910年，钢纤维混凝土主要应用领域有：

（1）公路路面、桥面、机场道面、码头铺面和工业建筑地面，用以提高这些面板结构的抗裂性、弯拉强度、弯曲韧性、耐冲击、耐疲劳性能等。

（2）房屋和桥梁结构、水工结构、特种结构中，用于梁和叠合梁的裂缝控制和抗剪性能的增强；复杂应力区如悬挑结构、闸门门槽、大坝孔口等部位的增强；抗震框架节点、牛腿、剪力墙连梁等的抗剪增强；筒仓的裂缝控制；桩基承台的抗剪、抗冲击增强等。

（3）交通隧道、输水隧洞、沟堑等钢纤维喷射混凝土衬砌、支护。

（4）防水、防渗结构，如刚性防水屋面、地下室刚性防水层、储水池、输水沟渠、渡槽、管道。

（5）预制构件，如预制桩的桩尖、桩顶，大管桩，铁路轨枕，道路井盖等。

（6）军事工程，主要用其抗爆、抗侵彻的优良性能，如掩体、防空洞、防护门等。

(7)修补加固工程,如大坝坝面修补,路面局部修补或罩面,梁、板、柱、墩的加固。

合成纤维用于增强水泥混凝土最早于 1965 年用聚丙烯纤维作为混凝土的掺合料,建造美军工兵部队的防爆结构。此后引起工业界的广泛注意,到 1971 年英国制定了有关聚丙烯纤维混凝土制作管子、管件和薄板的国家标准。我国起步比较晚,于 20 世纪 90 年代初开始研究和应用。目前应用较多的纤维品种是聚丙烯纤维、聚丙烯腈纤维、尼龙纤维和高弹模聚乙烯纤维。合成纤维的掺量一般比较少,体积率只有 0.05% ~ 0.3%,主要减少和防止砂浆、混凝土的早期收缩裂缝,同时对混凝土的抗掺性、抗冻性耐磨性等有所改善。当纤维的弹性模量较高或掺量较多时,也用于混凝土的增韧,以期提高抗冲击和抗疲劳性能。其主要应用领域有:

(1)桥面板、路面、工业建筑地面。

(2)建筑外墙砂浆抹面、刚性防水砂浆抹面、屋面刚性防水层。

(3)水池底板、池壁、渠道、输水和排水管道。

(4)水工建筑物,如面板堆石坝的面板、混凝土坝的外表面部位等。

(5)隧洞、护坡喷射混凝土支护、衬砌。

(6)与玻璃纤维、钢纤维混合使用,用于对混凝土的防裂、增强和增韧。

(7)机场道面:空军、海军、民航在海南三亚、浙江宁波、山东威海、甘肃敦煌和新疆乌鲁木齐、哈密等多地机场对合成纤维混凝土进行了试验和应用研究,证明合成纤维可以有效防止混凝土的早期收缩裂缝。

第二节 纤维对水泥混凝土作用机理

一、纤维的品种与性能

混凝土是一种抗压强度大而抗折强度相对较低的脆性材料。随着现代建筑技术的不断发展,对水泥混凝土提出了更高的要求,水泥混凝土正朝着高强度、高韧性、高阻裂、高耐久性、高体积稳定性和高和易性的方向发展。一般来说,在水泥基体中随机分布一些合成纤维是提高混凝土的韧性、耐冲击性、抗渗透性及抗收缩断裂性的有效途径。常用于增强混凝土的合成纤维有:聚丙烯(PP)纤维、聚酯(PET)纤维、聚丙烯腈(PAN)纤维等。

1. 聚丙烯纤维(丙纶 PP)

聚丙烯纤维是目前合成纤维中研究应用最为广泛的一种纤维。据报道,2001 年全世界丙纶的产量约占该年度合成纤维总产量的 18.5%。聚丙烯纤维(单丝)的抗拉强度为 350 ~ 700MPa,弹性模量为 3 ~ 10GPa,极限伸长率为 15% ~ 25%,无吸湿性(0%),密度为 0.91g/cm³。相对于其他合成纤维,聚丙烯纤维生产原料丰富,生产过程简单,成本较低,所以受到国内外建筑业界的重视和使用。

20 世纪 80 年代初期,为解决军用混凝土工事在受炮火攻击后的抗碎裂问题和军事工程的耐久性问题,美国军队工程师的混凝土专家与美国最大的化工产品企业——合成工业公司聚丙烯材料专家共同研制出用于混凝土的聚丙烯纤维。并于 1990 年和 1991 年举行了纤维增强混凝土的专题报告会,至此聚丙烯纤维开始大量应用。国外对聚丙烯纤维的研究应用已经较为深入广泛,例如美国最大的丹佛机场,其机场跑道、停车机库、地下传输通道等都采用了掺加聚丙烯纤维网的混凝土。墨西哥最大的建筑项目(1989)——墨西哥市高级购物中心,全部混凝土结构中(包括板、梁、柱)都掺入了聚丙烯纤维。

国内关于聚丙烯纤维混凝土的使用,是随着国外聚丙烯纤维的应用开始的。如郑许高速公路郑州至新郑机场段的路面改善工程,北起107国道郑州七里河,南至新郑机场互通式立交,全长25.3km全部采用聚丙烯纤维混凝土铺筑。目前国内也有许多厂家生产聚丙烯纤维,产品的质量和数量都可满足工程应用的要求。

2. 聚酯纤维(涤纶 PET)

聚酯纤维生产于1953年,而后发展极为迅速,现在已成为合成纤维中产量最大的品种,2001年的聚酯纤维的产量约占该年度合成纤维总产量的60.9%。它主要供制作服装用品和装饰用品,产业应用的比例不是很大,主要用作小轿车用轮胎的帘子线。聚酯纤维的耐温性较好,因此也用于沥青混凝土中,增强沥青混凝土路面的抗车辙性能等,提高沥青混凝土路面的耐久性。该纤维强力单丝的抗拉强度为650~850MPa,模量为10~15GPa,极限伸长率为7%~12%,吸湿率为0.4%,密度为1.38g/cm³。

普通聚酯纤维耐碱性较弱,现在使用的大多为经过改性后的聚酯纤维。由于改性聚酯纤维混凝土是一种新型的建筑材料,且对改性后的耐碱性能否满足要求还有一定争议,因此在水泥混凝土中应用还不多,目前仅有少量的文献报道。

3. 聚丙烯腈纤维(腈纶 PAN)

聚丙腈纤维的工业产品在1950年问世,在服装领域有"人造羊毛"的美誉,该纤维的强度不是很高,为250~400MPa,模量为3~8GPa,极限延伸率为12%~20%,吸湿率为2.0%,密度为1.18g/cm³,除了抗腐蚀性能优越外,还具有优异的抗紫外线的能力。早在20世纪70~80年代,"高强高模"的改性腈纶纤维已代替石棉来增强水泥砂浆,用来制作水泥波形瓦。后来欧洲将改性聚丙烯腈纤维用于混凝土中以阻止早期裂缝和改善混凝土的韧性。近几年一些国家成功地将改性聚丙烯腈纤维应用于混凝土中,提高混凝土和砂浆的早期抗裂性能,国内也有一些研究和应用。但在机场道面混凝土工程中的应用目前还是空白。

除了上述三种纤维外,在混凝土中应用的还有聚酰胺(PA)纤维、高强高模量聚乙烯(PE)纤维、芳香聚酰胺纤维等,各种纤维的性能指标见表5-1。

常用纤维性能指标 表5-1

纤维种类	纤维直径(mm)×10⁻³	弹性模量(GPa)	抗拉强度(MPa)
单丝 PP 纤维	101~203	5	449
纤状化 PP 纤维	505~4064	4	552~759
聚酯纤维	10~76	10~17	552~1173
PE 纤维	250~1016	5~173	200~3000
芳香族 Kevlar29	12	62	3623
聚酰胺纤维 Kevlar29	10	117	3623
聚丙烯腈纤维	5~18	18	202~1000

二、纤维增强机理

纤维混凝土中的纤维种类可以是一种或多种,在混凝土中呈三维乱向分布,也有不同程度、不同类型的定向性。由于纤维的掺入对混凝土基体产生了增强、增韧和阻裂等效应,从而增加了混凝土的强度、抗冲击性和耐疲劳性,改变了混凝土的脆性、易开裂性及其破坏形态,提高了混凝土在疲劳冻融等因素作用下的耐久性能,延长了混凝土的使用寿命。

关于纤维混凝土增强的机理,目前主要有两种理论:复合材料理论和纤维间距理论。这两种理论从不同角度解释纤维对混凝土的增强作用,其结果是一致的。

1. 复合材料理论

复合材料理论是由英国 Swamy,Mangat 提出的,该理论主要从复合材料的混合原理出发,将多种单一材料结合或混合之后所构成的材料整体看作一个多相系统,其性能是各个相的性能的叠加值。该机理将纤维混凝土视为纤维强化体系,应用复合材料混合定律推论纤维混凝土的应力、弹性模量和强度等,并结合纤维混凝土复合材料的特殊性,将复合材料沿外加荷载的方向有效纤维体积率的比例、非连续性短纤维长度和取向修正以及混凝土的非均质特性等一起加以考虑,即将纤维混凝土的力学性能与纤维的掺入量、纤维取向、长径比及纤维与基体黏结力之间的关系结合起来加以考虑。

对于复合材料,材料复合的主要目的是弥补原来材料的缺陷,通过各组分性能的互补和关联获得原组分所没有的优良性能,即产生"1 + 1 > 2"的超叠加综合效应。

合成纤维增强混凝土属于短纤维增强复合材料,其中纤维长几毫米到几十毫米,纤维是不连续的,所以在短纤维复合材料中荷载的传递过程比连续纤维复杂得多,表现在纤维端头部分,纤维——基体界面和混凝土基体中存在着非常复杂的应力状态。

吴中伟教授发表的"中心介质效应假说",认为水泥基复合材料的不同层次是联系在一起的,中心介质效应可以叠加。这种创建性思想的核心,正是复合材料理论的精髓。复合材料之所以需要复合,首先是因为参与构成的复合材料的那些基础材料分别具有各自不同的性能特点,这些特点相互补充,共同在复合材料中发挥作用。

但是,由于材料科学和技术发展水平的限制,现实生活中的复合材料往往并不完善。通常,混凝土材料结构总是非均质的,因此混凝土构件在承受拉力作用时,其截面中各点受力是不均匀的,存在大量不规则的应力集中点。这些应力集中点的应力首先达到抗拉强度极限,引起了局部塑性变形。此时如果没有配筋约束,便在应力集中部位出现裂缝。如果适当地配以既细且密的抗拉力筋,则可约束混凝土的塑性变形,从而分担混凝土的内应力,推迟或避免混凝土裂缝的出现,亦即提高了混凝土拉伸极限。事实上,我们可以把纤维看作是混凝土内部细微的"次增强筋",与混凝土内的配筋一道形成"筋级配"。这样形成的纤维混凝土可以获得比普通混凝土更好的性能。

2. 纤维间距理论

纤维间距理论是由 Romuldi 和 Batson 等于 1963 年提出的,它的理论基础是线弹性断裂力学理论,根据线弹性力学和断裂力学理论来说明纤维对混凝土裂缝发生和发展的约束作用。纤维间距理论认为混凝土内部存在固有的缺陷,如要提高强度,就必须尽可能减小混凝土原始缺陷程度,提高其韧性,降低混凝土体内裂缝端部的应力集中系数。

纤维间距理论首先假设纤维混凝土块体中有许多细纤维丝沿着拉应力作用方向按棋盘状均匀分布,细纤维丝的平均中心间距为定值 S。由于拉应力作用,水泥基体中钱币形状的裂缝端部产生应力集中系数 k_σ,当裂缝扩展到基体界面时,在界面上会产生对裂缝起约束作用的剪应力并使裂缝趋于闭合。此时在裂缝顶端即会有与 k_σ 相反的另一应力集中系数 k_o,于是总的应力集中系数 k_f 变小。即: $k_f = k_\sigma - k_o$。对于以上模型及理论,Romuldi 进行了试验验证,他认为在纤维增强水泥基复合材料中纤维对水泥基材的阻裂作用与该复合材料中纤维的平均中心间距有密切关系,即纤维的平均中心间距越小,其阻裂作用效果越大。并证实当纤维平均间距在 7.6mm 以下时,纤维混凝土的抗拉或抗弯裂强度才得以明显提高。纤维平均间距可由下式计算:

$$S = \frac{13.8d}{\sqrt{V_f}} \tag{5-1}$$

式中:S——纤维平均间距(mm);

d——纤维直径(mm);

V_f——纤维的体积率(mm³),相当于 1mm³ 纤维增强水泥基复合材料中纤维的体积。

继 Romuldi 之后,其他研究学者基于对纤维增强水泥基复合材料中纤维所处的周边条件(如纤维的取向、纤维的长度、纤维与水泥基材的黏结特性等)的不同考虑,也分别提出其他的计算公式。

下面列出关于纤维平均间距 S 的计算公式:

(1)Mc Kee 提出的计算公式:

$$S = \left(\frac{V_1}{V_f}\right)^{1/3} \tag{5-2}$$

(2)Krenchel 提出的计算公式:

$$S = \frac{8.8d}{\sqrt{V_f}} \quad (一维)$$

$$S = \frac{11.1d}{\sqrt{V_f}} \quad (二维) \tag{5-3}$$

$$S = \frac{12.5d}{\sqrt{V_f}} \quad (三维)$$

(3)沈荣熹提出的计算公式:

$$S = \frac{3.11\sqrt{V_f}}{SFS} \quad (一维)$$

$$S = \frac{3.89\sqrt{V_f}}{SFS} \quad (二维) \tag{5-4}$$

$$S = \frac{4.88\sqrt{V_f}}{SFS} \quad (三维)$$

式中:d——纤维直径(mm);

V_f——纤维体积率(mm^3);

SFS——单位体积纤维增强水泥基复合材料中纤维的表面积(mm^2)。

尽管公式迥异,但都表明纤维平均间距与纤维直径密切相关。当纤维体积掺量一定时,纤维直径越小,纤维平均间距 S 也就越小,即纤维对裂缝引发与扩展的约束能力越大,亦即纤维对混凝土的初裂强度提高的效果也就越好;纤维平均间距也与纤维体积率 V_f 有关,当纤维直径 d 一定,纤维体积率越高,则纤维平均间距相应的减小;纤维平均间距 S 还与纤维方向有效系数有关,当纤维体积率、直径、长度不变时,一维分布时纤维平均间距最小,三维分布时纤维平均间距最大。

另一方面,因为纤维间距理论的假设前提就是纤维均匀分散,如果纤维不能均匀分散,假设条件不成立,则纤维间距理论可能失效或部分失效。显而易见,纤维在混凝土中的分散性是保证纤维混凝土抗裂效果的关键。如果纤维在混凝土内部不能均匀分散,则可能影响纤维混凝土的抗裂效果。确切地说,即便满足纤维中心距离不大于 7.6mm 的理论条件,也会因为相邻区域存在纤维密布的"纤维块",而在相对薄弱的"纤维块"之间形成"空隙"般的开裂。

总之,不论采用何种理论解释,都要求纤维在混凝土内部均匀分散。对于应用在建筑工程当中的特种纤维来说,拌和的分散性和纤维的化学稳定性同样重要,都是影响混凝土力学及耐久性能的决定性因素。

三、合成纤维提高混凝土耐久性的机理

聚丙烯、聚酯及聚丙烯腈纤维都是新型的混凝土防裂纤维,主要功能是抑制混凝土塑性裂缝的产生。由于聚丙烯、聚酯及聚丙烯腈纤维的弹性模量都较低(为 4~18GPa),且在混凝土中的掺量较小(体积率为 0.05%~0.2%),并不能使硬化混凝土的抗压强度有明显提高,在破坏过程中也不能显示出作为纤维增强型复合材料应具备的破坏特征,因此有些工程技术人员认定聚酯、聚丙烯及聚丙烯腈纤维仅能提高混凝土早期的抗裂性,而对后期的耐久性能无显著影响。然而,大量试验表明,以常用的 $0.9kg/m^3$ 的纤维掺量制作的混凝土,纤维根数为 700 万~3000 万,除了表现出优秀的早期抗裂性外,抗折强度、塑性收缩、抗渗抗冻、抗冻性、抗冲击性、抗疲劳性等均有明显提高。

1. 合成纤维降低混凝土塑性收缩的机理

在混凝土浇捣成型过程中,我们可以看成是表面积大的单体吸附表面积较小的单体形成的单体的集合。单体与单体之间的吸附力必然小于单体内部的吸附力。由表面水分快速蒸发引起的混凝土塑性收缩由于受到基底、模板等的约束作用,在混凝土内部是不均匀的,是以单体为单位收缩,这样单体与单体之间不可避免地出现裂缝,最终表现为混凝土表面出现裂缝。

为了抑制早期裂纹的生长,必然要使得单体与单体之间的吸附力增大,使之趋于一个整体,使混凝土内部能很好地传递消耗基底、模板和钢筋在混凝土成型过程中产生的拉应力,在混凝土中掺入少量的合成纤维就很好地做到了这一点。由于合成纤维是一种较低弹性模量的纤维,纤维自身柔韧性很好,且掺入到混凝土中能很好地均匀分布,形成一种三维乱向支撑网,故而合成纤维可以在混凝土内部形成一种"桥梁"结构,它能很好地增大混凝土形成过程中单体之间的吸附力,又能很好地吸收基底、模板和钢筋在成型过程中产生的拉应力。所以在混凝

土中掺入少量的合成纤维能很好地阻止在混凝土浇捣成型过程中裂缝的产生,从而对提高混凝土的抗裂性有很好的效果。

2. 合成纤维提高混凝土抗渗、抗冻性的机理

在混凝土中加入的少量合成纤维,能很好地均匀分布且与混凝土黏合,增加了混凝土内部的束缚力,从而减少了混凝土在成型过程中大空隙和裂隙的产生,减少了宏渗水。另外,由于纤维的掺入产生的束缚力使混凝土构件内部更加紧密,能有效减少微渗水的产生。所以,合成纤维掺入到混凝土中对其抗渗性有很大提高。表5-2是水利部长江科学院对掺有体积率0.1%的聚丙烯纤维的混凝土与未掺纤维的混凝土对比的试验结果。

抗渗试验结果　　　　　　　　表5-2

编　号	水泥∶砂	纤维体积掺量（%）	1.1MPa试验压力时试件平均渗水高度（mm）
1	1∶1.5	0	44
2		0.1	29

混凝土在冻融条件下产生较大的膨胀压力,易使混凝土开裂和原有裂隙扩展。在混凝土中掺入合成纤维,由于乱向分布的微细纤维相互搭接,阻碍了混凝土搅拌和成型过程中内部空气的溢出,使混凝土的含气量增加,缓解了低温循环过程中的静水压力和渗透压力。其次,微细纤维改善了混凝土早期内部缺陷,降低了原生裂隙尺度,提高了混凝土的抗拉极限应变,改善了混凝土的拉伸断裂行为。另外,由于合成纤维直径小,单位质量的纤维数量庞大,纤维间距小,因此具有明显的阻裂效应,增加了混凝土冻融损伤过程中的能量损耗,有效地抑制了混凝土的冻胀开裂,有益于混凝土低温环境下抗冻融耐久性的提高。

3. 合成纤维提高混凝土耐磨性能的机理

混凝土的裂缝是其构件的最薄弱环节。混凝土构件在水冲刷和外力磨损作用下的破坏总是从裂隙处开始,且裂隙越大越容易被破坏。合成纤维掺入后,减少了混凝土构件的薄弱环节,混凝土不泌水,表面致密,因而合成纤维混凝土较普通混凝土的耐磨性有明显提高。

4. 合成纤维提高混凝土韧性和疲劳强度的机理

合成纤维弹性模量小,其单独阻止裂纹扩展的作用比较小,但合成纤维对约束混凝土的早期塑性收缩和约束微裂缝的引发有利,从而减少了复合材料的初始缺陷,削弱了混凝土内部的拉应力,这有利于提高材料的整体强度,因此合成纤维的初裂强度要明显高于普通混凝土。合成纤维的加入可以提高混凝土的断裂能,使混凝土呈现出较好的韧性。数量众多的合成纤维的荷载传递效应还有助于均化混凝土结构的应力场,使材料操作能在介质内扩散,相应提高了混凝土的疲劳寿命。

第三节　道面纤维混凝土组成材料和配合比

迄今为止,人们提升混凝土性能的主要技术手段和最有效的措施就是优化混凝土的配合比。混凝土配合比的实质为混凝土中各组成材料之间的比例关系,通常以1m³混凝土中各种材料的用量来表示,或以各种材料用量的比例表示(设水泥质量为1)。

一、组成材料

1.组成材料的品质要求

混凝土组成材料的品质对混凝土的性能影响是巨大的,因此原材料的选取十分重要。合成纤维高性能道面混凝土的基本组分与普通道面混凝土基本相同,在混凝土中的合成纤维应满足以下基本要求:

(1)高耐碱性。不受水泥碱性水化物的侵蚀,与水泥基材有良好的化学相容性。

(2)良好的分散性和无害性。

(3)高抗拉强度。与水泥基材的抗拉强度相比,至少要高2个数量级。

(4)高杨氏模量。纤维与水泥基材的杨氏模量的比值(简称模量比)越高,则受荷时纤维所分担的应力也越大。

(5)高变形能力。与水泥基材的极限延伸率相比,至少要高1个数量级,纤维的极限延伸率越大,则越利于纤维增强水泥基复合材料韧性的提高。但纤维的极限延伸率过大,则容易造成纤维与水泥基材过早脱开,难以充分发挥其增强作用。

(6)高黏结强度。当使用非连续的短纤维时,纤维与水泥基材的界面黏结强度一般不应低于1MPa。

(7)低泊松比。为保证复合材料受拉(弯)时,纤维不至于过早与基材脱开,其泊松比一般不宜大于0.40。

(8)适宜的长径比。当使用非连续的短纤维时,纤维的长度与直径的比值(简称长径比)大于其临界值时才对水泥基材有明显的增强效应。

2.合成纤维常用类型

空军工程大学采用改性聚酯、聚丙烯、聚丙烯腈进行研究,纤维的品种和具体性能指标见表5-3。

合成纤维技术性能指标 表5-3

纤维品种	改性聚酯	聚丙烯(Ⅰ)	聚丙烯(Ⅱ)	聚丙烯腈
抗拉强度(MPa)	650~850	400	450~650	250~440
弹性模量(GPa)	10~15	6~9	8~10	3~8
极限延伸率(%)	7~12	15~25	8~10	12~20
密度(g/cm³)	1.38	0.91	0.91	1.18
长度(mm)	19	19	19	12
吸湿率(%)	0.4	0	0	2
形状	束状单丝	束状单丝	网状	束状单丝
产地	北京	宁波	武汉	深圳
代号	BX	NX	WX	SX

试验用合成纤维的外观形态如图5-1~图5-4所示。

其他纤维种类:聚丙烯纤维(PP)和聚酯纤维(PET)的性能见表5-4。

图 5-1　聚酯合成纤维

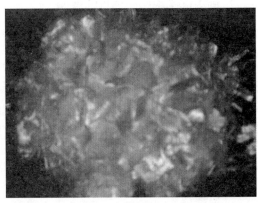

图 5-2　聚丙烯腈合成纤维

图 5-3　束状聚丙烯合成纤维

图 5-4　网状聚丙烯合成纤维

聚酯纤维和聚丙烯纤维的性能　　　　　　　表 5-4

纤维种类	长度（mm）	直径（mm）	密度（g/cm³）	熔点（℃）	燃点（℃）	抗拉强度（MPa）	弹性模量（GPa）	耐碱性（%）	延伸率（%）
PET	15	0.04	0.9 ~ 1.35	> 250	> 520	> 900	14 ~ 18	—	13 ~ 30
PP	15	0.04	0.91	160 ~ 170	580	300 ~ 500	3.85	> 95	28

3. 外加剂

减水剂为 JM-Ⅱ型萘系高效减水剂,适宜掺量为胶凝材料总量的 0.6%。

二、合成纤维混凝土配合比设计

1. 机场道面混凝土配合比设计(绝对体积法)

混凝土的配合比一般可采用假定表观密度法和绝对体积法进行设计。采用绝对体积法可避免因胶凝组分密度不同引起的计算误差,此处介绍空军工程大学马国靖、王硕太等提出的采取绝对密实体积法进行的道面混凝土配合比设计。

具体配合比设计步骤如下:

（1）确定混凝土配制抗折强度 $f_配$

抗折强度 $f_配$ 按国家军用标准《军用机场场道工程施工及验收规范》（GJB 1112A—2004）得出：

$$f_配 = f_{设} + 1.645\sigma \tag{5-5}$$

式中：$f_配$——道面混凝土的 28d 配制抗折强度（MPa）；

$f_{设}$——道面混凝土的 28d 设计抗折强度（MPa）；

σ——施工单位混凝土抗折强度标准差（MPa）。

（2）计算水灰比 W/C

根据施工所用水泥实测 28d 抗折强度，用下列公式求出水灰比。

碎石混凝土：

$$f_配 = 1.32f_f^c(0.96 - W/C) \tag{5-6}$$

天然骨料混凝土：

$$f_配 = 1.13f_f^c(1.03 - W/C) \tag{5-7}$$

式中：$f_配$——混凝土配制抗折强度（MPa）；

f_f^c——水泥实测 28d 抗折强度（MPa）；

W/C——混凝土水灰比。

当有特殊的抗冻性要求时，参考表 5-5 确定最终的水灰比。

道面耐久性指标　　　　　　　　　　　　　　表 5-5

地区 项目	严寒地区（最冷月平均气温低于 –15℃）	寒冷地区（最冷月平均气温低于 –5～–15℃）	最冷月平均气温低于 0～–5℃	最冷月平均气温高于 0℃
水灰比	≤0.46	≤0.48	≤0.50	≤0.50
最小水泥用量（kg/m³）	300	300	300	300

（3）确定水泥用量 C

在水灰比选定的条件下，水泥用量的多少，代表着用水量的多少，也代表着该配比的设计水平，因为混凝土的性能主要取决于多余水分在混凝土内部形成的孔隙样式与分布状况。减水剂的出现，使混凝土流动性的大小不再主要取决于用水量的多少，在很大程度上由减水剂的性质和掺量决定，流动性与用水量已不存在显著的相关性，因此，通过用水量决定胶凝材料的方法值得探讨。

对于高性能混凝土来说，除了强度指标外，更重要的是耐久性指标，胶凝材料的种类、性质和掺量是最直接的决定因素。因此高性能混凝土应首先选择胶凝材料的用量。道面混凝土的水泥用量主要在 $300\sim350\text{kg/m}^3$ 之间，同时要保证混凝土的最低水泥用量，以确保水泥与骨料的黏结强度和耐久性。水泥最低用量见表 5-5。选取某一水泥用量 C 后，根据水灰比求出单位用水量 W。

（4）确定砂率，计算砂、石用量。

计算砂石比：

$$k = \frac{\rho_{os}}{\rho_{og}} \cdot \frac{\rho_g}{\rho_s} \cdot V_0 \cdot \alpha \tag{5-8}$$

绝对体积含砂率：

$$S_p = \frac{k}{1+k} \tag{5-9}$$

砂石绝对总体积：

$$V_{总} = 1000 - \frac{m_c}{\rho_c} - \frac{m_w}{\rho_w} - 10\alpha_o \tag{5-10}$$

式中：k——砂石绝对体积比；

S_p——砂率；

ρ_{os}——砂的堆积密度（g/cm³）；

ρ_s——砂的表观密度（g/cm³）；

ρ_{og}——石子的堆积密度（g/cm³）；

ρ_g——石子的表观密度（g/cm³）；

V_O——石子的空隙率；

α——拨开系数，取 1.1 ~ 1.3；

m_c——单位体积混凝土中水泥的用量（kg）；

m_w——单位体积混凝土中水的用量（kg）；

ρ_c——水泥的密度（g/cm³）；

ρ_w——水的密度（g/cm³）；

α_o——混凝土中含气百分数，在不使用引气剂外加剂时 α_o 取 1。

（5）试拌调整

无论采用何种配合比设计方法都应该试拌调整，目的是检验计算出的配合比流动性与强度是否满足设计要求，通过此项操作以达到最优的、与实际相符的要求。试拌调整通常包含和易性与抗折强度检验两项。

和易性的调整可按优选法在计算砂率附近选择几个不同的砂率，然后分别拌制混凝土拌和物，测定其 VB 稠度，同时观察黏聚性和保水性，选 VB 稠度最小的为最佳砂率。如果在最佳砂率下流动性仍然偏小，则保持水灰比，适当增加用水量。反之，减少用水量。

抗折强度试验是对满足和易性要求的拌和物，检验其 28d 的抗折强度。如果试验结果与设计要求的配制强度相差较多，应调整水灰比，一般应同时进行几个不同的水灰比，进行拌和物的抗折强度检验，选择与抗折强度设计要求一致者。

2. 纤维道面混凝土配合比设计

纤维对于混凝土的作用更多是阻止开裂，尤其是低掺量、较低弹性模量的合成纤维。纤维混凝土的性能特性主要取决于基准混凝土。配制低掺量合成纤维高性能道面混凝土，主要是将合成纤维作为一种改善混凝土性能的外掺料，因此其配合比设计方法可以建立在普通道面混凝土配合比设计方法的基础之上，但同时要考虑合成纤维对混凝土和易性的影响，核心问题也就是基准混凝土的配合比设计和确定纤维—性能之间的参数关系，使纤维掺量具体化。

具体的设计思路为：根据设计要求（如弯拉强度、耐久性、抗裂性、和易性等）和经济合理的原则选用原材料，通过试验和必要的调整，确定基准混凝土单位体积中各种组成材料的用量，在此基础上根据纤维—性能之间的参数关系确定纤维的最佳掺量。主要是确定水灰比、纤维最佳掺量、单位水泥用量和砂率这几个参数,这些参数往往由经验和试验确定。按照上述思路的合成纤维高性能道面混凝土配合比设计流程见图5-5。

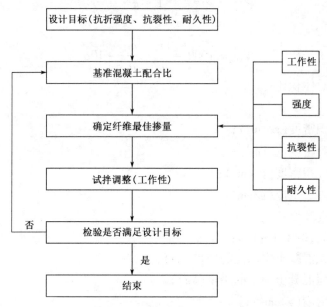

图5-5　合成纤维高性能混凝土配合比设计流程图

3. 确定纤维掺量

纤维掺量是合成纤维高性能混凝土配合比设计中的另一个关键问题,需要进行大量的试验来确定纤维的最佳掺量,主要步骤就是根据上述方法先确定基准混凝土的配合比,然后根据设计指标(如强度、抗裂性、耐久性、和易性等)进行试验,其中一定要重视裂缝与耐久性之间的关系,应该把抗裂性指标同耐久性的其他指标等同起来,甚至还要比之它们更有所侧重。

确定纤维掺量后,需要重新试拌调整,主要依据合成纤维对混凝土和易性的影响,重新调整混凝土的流动性,纤维一般具有增稠效应,具体的影响程度取决于纤维本身的性能特点。当流动性偏小时可以适当减小砂率,若仍不能满足要求,可以不改变水灰比,增加水泥用量,或采用加减水剂的方法满足混凝土的流动性要求。

上述配合比设计方法是在吴中伟院士的高性能混凝土配合比法则以及空军工程大学工程学院马国靖、王硕太等多年来的研究成果的基础上,结合相关的配合比设计规范与经验延伸出的配合比设计方法,是一种半理论半试验的方法,其核心问题就是基准混凝土的配合比优化设计和确定纤维—性能之间的参数关系,使纤维掺量具体化。为了确定纤维的最佳掺量,可通过进行大量的试验,探索纤维对混凝土和易性和强度的影响规律。

第四节　道面纤维混凝土性能

一、合成纤维道面混凝土的和易性

合成纤维高性能道面混凝土属于干硬性混凝土,采用 VB 稠度指标表征混凝土的和易性能,同时观察其黏聚性和保水性。

1.纤维混凝土的和易性

通过对不同纤维品种(改性聚酯、单丝聚丙烯、网状聚丙烯、聚丙烯腈)、不同掺量(每立方米混凝土中掺入 0.8kg、0.9kg、1.0kg、1.4kg、1.6kg、1.8kg)纤维混凝土的 VB 稠度试验,分析探讨合成纤维对干硬性道面混凝土的流动性的影响规律,寻求适合当前施工技术、施工机具和施工工艺的纤维品种与掺量。和易性结果见表5-6。

不同纤维品种、掺量道面混凝土的流动性　　　　　　　　　表5-6

掺量(kg/m³) 纤维品种	0.8	0.9	1.0	1.2	1.4	1.6	1.8
改性聚酯 VB 稠度(s)	31	32	35	39	40	45	54
单丝聚丙烯 VB 稠度(s)	19	20	22	28	30	35	39
网状聚丙烯 VB 稠度(s)	18	19	20	22	27	30	33
聚丙烯腈 VB 稠度(s)	23	25	28	30	33	39	45
备注	普通道面混凝土的 VB 稠度为15s						

2.结果分析

(1)纤维品种对和易性的影响

从表5-6可以看出,不同纤维品种对混凝土流动性的影响不同。在混凝土中掺加纤维将增大混凝土拌和物的 VB 稠度,降低混凝土的流动性,影响程度取决于纤维自身的性能特点,其中改性聚酯(BX)合成纤维对混凝土拌和物的流动性影响最大,当纤维掺量为 0.1% 时,其 VB 稠度大于 30s,影响混凝土施工成型。而其他合成纤维(如单丝聚丙烯 NX、网状聚丙烯 WX、聚丙烯腈 SX)对混凝土拌和物的流动性影响较小,VB 稠度均在 30s 以内,对混凝土施工成型密实影响不大(图5-6)。

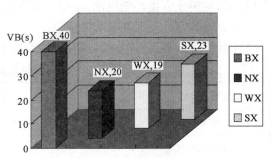

图 5-6　不同品种纤维对混凝土的流动性的影响

(2)纤维掺量对和易性的影响

混凝土拌和物的流动性随着纤维掺量的增加而下降。本节所选取得四种纤维都随其掺量的增加而流动性降低,不同纤维品种在不同掺量下的流动性损失率如图5-7所示。

改性聚酯纤维的流动性损失最大。另外在试验过程中发现合成纤维能够减少混凝土的离析、泌水,但同时也增大了混凝土振动排气密实的难度。

合成纤维降低混凝土流动性的原因分析:混凝土中掺入合成纤维后,在混凝土中将会分散成数以百万计的细小纤维单丝,充分分散的纤维又会相互搭接,使混凝土空隙率增大,阻碍颗粒间的相对滑移,导致拌和料的流动性降低。但是由于合成纤维

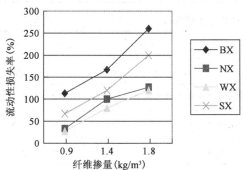

图 5-7　不同品种纤维不同掺量下的流动性损失率

属于柔性纤维,相互搭接时并不会明显阻碍颗粒间的相对滑移,因为纤维也会产生变形,对混凝土颗粒间的相对滑移影响不是特别显著。这就是单丝聚丙烯(NX)、网状聚丙烯(WX)、聚丙烯腈(SX)掺入后对混凝土的和易性影响不是很大的主要原因。

此外,如果合成纤维有一定吸湿率,纤维的表面将吸附一定的拌和水,使得拌和物变稠,流动性下降。因此,纤维对混凝土和易性影响程度还取决于纤维本身的吸湿性能与长度。改性聚酯纤维和聚丙烯腈纤维的吸湿率分别为0.4%和2%,改性聚酯纤维的吸湿率大于聚丙烯纤维的吸湿率,因此它对混凝土和易性影响的程度要大于聚丙烯。聚丙烯腈纤维的吸湿率虽然大于改性聚酯纤维,但聚丙烯腈合成纤维的长度仅为改性聚酯纤维的63%,故对混凝土的流动性的影响低于改性聚酯纤维。

二、纤维混凝土的强度

关于合成纤维在混凝土中对强度的贡献,曾经观点不一。合成纤维对于机场道面干硬性混凝土的强度影响到底如何,研究的也不多。通过采用四种纤维(改性聚酯BX、单丝聚丙烯NX、网状聚丙烯WX、聚丙烯腈SX),固定体积掺量为0.1%,与不掺纤维的普通混凝土(P)进行抗折、抗压强度对比试验,研究分析纤维品种对混凝土强度影响规律,明确对抗折强度贡献较大的纤维品种;通过在基准混凝土中掺入不同掺量的改性聚酯纤维,进行抗折、抗压强度试验,研究分析纤维掺量(每立方米混凝土用量1.0kg、1.2kg、1.4kg、1.6kg、1.8kg、2.1kg、2.4kg、2.8kg)对混凝土强度影响规律,获得对抗折强度贡献较大的最佳掺量。

1. 合成纤维道面混凝土的强度

不掺纤维的普通混凝土与四种纤维混凝土的抗折、抗压强度结果如表5-7和表5-8所示。

不同品种纤维道面混凝土的强度　　　　表5-7

混凝土类型	P	BX	NX	WX	SX
抗折强度(MPa)	5.81	6.14	5.94	5.88	6.18
抗折相对值(%)	100	105.7	102.2	101.2	106.4
抗压强度(MPa)	52.2	52.0	50.3	51.3	51.5
抗压相对值(%)	100	99.6	96.4	98.3	98.7
备注	纤维体积掺量 $V=0.1\%$,强度数据为三组试件(9个)平均值				

不同掺量纤维(改性聚酯)道面混凝土的强度　　　　表5-8

纤维掺量(kg/m³)	0	1.0	1.2	1.4	1.6	1.8	2.1	2.4	2.8
抗折强度(MPa)	5.81	5.83	6.02	6.14	6.20	6.33	6.14	5.89	5.69
抗折相对值(%)	100	100.3	103.6	105.7	106.7	109.0	105.7	101.4	97.9
抗压强度(MPa)	52.2	50.0	50.2	50.9	51.1	51.6	51.0	50.6	50.8
抗压相对值(%)	100	95.8	96.2	97.5	98.7	98.9	97.7	96.9	97.3
备注	纤维为改性聚酯,强度数据为三组试件(9个)平均值								

对纤维混凝土的强度进行了研究,混凝土的配合比和强度值如表5-9所示。

合成纤维(改性聚酯和聚丙烯)道面混凝土的配合比及强度　　　　表5-9

试验编号	组成材料(kg/m³)							28d 抗折强度		28d 抗压强度	
	水泥	水	砂	碎石	减水剂	PP	PET	强度(MPa)	比值(%)	强度(MPa)	比值(%)
KB	340	146	608	1416	2.04	0		5.91	100	51.1	100
PP1	340	146	608	1416	2.04	0.6		5.93	100.3	50.3	98.4
PP2	340	146	608	1416	2.04	0.9		6.32	106.9	53.4	104.5
PP3	340	146	608	1416	2.04	1.2		6.43	108.8	51.2	100.2
PP4	340	146	608	1416	2.04	1.5		6.42	108.6	51.8	101.4
PP5	340	146	608	1416	2.04	1.8		6.56	111.0	53.0	103.7
PET1	340	146	608	1416	2.04		0.6	5.90	99.8	49.9	97.7
PET2	340	146	608	1416	2.04		0.9	6.22	105.2	54.1	105.9
PET3	340	146	608	1416	2.04		1.2	6.43	108.8	53.2	104.1
PET4	340	146	608	1416	2.04		1.5	6.45	109.1	52.8	103.3
PET5	340	146	608	1416	2.04		1.8	6.53	110.5	53.4	104.5

2.研究结果分析

纤维混凝土的强度主要取决于混凝土基体的强度,也与纤维的品种、掺量等有一定的关系。

(1)纤维品种对强度的影响

从表5-7～表5-9和图5-8～图5-10可以看出,不同纤维品种对混凝土的抗折强度有一定影响。在混凝土中掺入纤维对提高抗折强度有所帮助,提高的幅度与纤维自身的性能有关。试验中,纤维体积率相同时(0.1%),改性聚酯纤维(BX)和聚丙烯腈纤维(SX)对混凝土抗折强度提高最多,分别提高了6%左右,聚丙烯纤维(NX,WX)仅提高1%～2%。但由于纤维的比重不同,因此每立方米混凝土中纤维的掺量也不相同,其中改性聚酯为1.38kg/m³,聚丙烯腈为1.18kg/m³,聚丙烯为0.91kg/m³。改性聚酯和聚丙烯的质量掺量相同,纤维品种对抗折强度的影响基本一致。因此判定,纤维品种虽对抗折强度有一定影响,但并不显著。

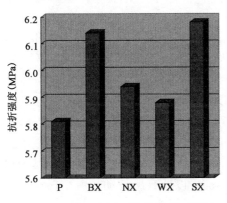

图5-8　纤维不同品种对抗折强度的影响

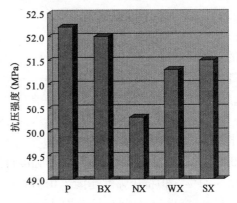

图5-9　纤维不同品种对抗压强度的影响

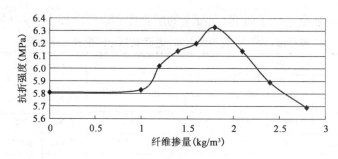

图 5-10　纤维不同掺量对抗折强度的影响

纤维品种对混凝土的抗压强度的影响与抗折强度类似。试验中,纤维混凝土的抗压强度均低于基准混凝土,减小的幅度不超过 4%。其中改性聚酯纤维和聚丙烯腈纤维减小不多,而单丝聚丙烯纤维稍大。纤维混凝土抗压强度多数大于基准混凝土,最多提高 4% ~ 5%,这可能与混凝土所用材料和配合比等有关。图 5-11、图 5-12 表明,在改性聚酯和聚丙烯相同质量掺量下两种纤维对抗压强度的影响差异不明显。

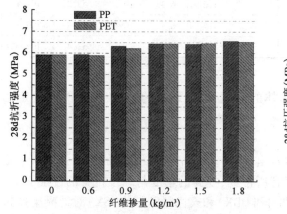

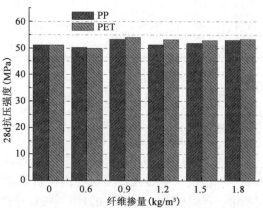

图 5-11　两种纤维不同掺量对抗折强度的影响　　图 5-12　两种纤维不同掺量对抗压强度的影响

需要说明的是,机场道面是以抗折强度为设计指标的。在提高抗折强度的同时,适当减小抗压强度,降低了压折比,减小了混凝土的脆性,对道面使用是有利的。因此在干硬性道面混凝土中掺加纤维更加有利。

(2)纤维掺量对强度的影响

试验中改性聚酯纤维掺量范围为 $1.0 \sim 2.8 \mathrm{kg/m^3}$,当纤维体积掺量小于 $1.8 \mathrm{kg/m^3}$ 时,混凝土的抗折强度随着纤维掺量的增加而逐步提高,最大时比基准混凝土提高 9%。主要原因在于纤维掺量越多,单位体积内的纤维分布数量越多,纤维的平均间距越小,由纤维增强理论可知,纤维混凝土的强度贡献也越大,但这必须以混凝土易于密实为前提,若纤维掺量过多(掺量 $> 1.8 \mathrm{kg/m^3}$),则造成混凝土成型困难,在规定的振动时间内混凝土试件难于密实,强度反而下降。抗压强度也有类似情况,但变化幅度小一些。在改性聚酯和聚丙烯试验中,纤维掺量从 $0.6 \mathrm{kg/m^3}$ 增加到 $1.8 \mathrm{kg/m^3}$,抗折强度也随纤维掺量的增加而增大,最大比基准混凝土提高 10% ~ 11%。但抗压强度在掺量 $0.9 \mathrm{kg/m^3}$ 时最大,以后有所波动。由于掺量对抗压强度的影响较小,容易受到试验误差的干扰,规律性没有抗折强度明显。

（3）纤维掺量对分散性与表观状态的影响

试验中随着纤维掺量的增加，合成纤维在混凝土中的分散性变差，当纤维掺量达到某一个值后，混凝土拌和物中的纤维出现束状，具体为改性聚酯（1.6kg）、单丝聚丙烯（1.5kg）、网状聚丙烯（1.6kg）、聚丙烯腈（1.8kg）；另外纤维对混凝土表观也有一定的影响：单丝聚丙烯混凝土表面有泌水现象；网状聚丙烯混凝土表面粗糙，有露头现象，可能会对以后做面、拉毛等施工程序造成一定的困难；改性聚酯的表观略有泛碱现象；聚丙烯腈纤维混凝土表观质量最好，没有表面泌水和露头现象。

（4）建议的纤维最佳掺量

纤维的最佳掺量应综合考虑对强度的贡献、对分散性与表观状态的影响以及经济因素。小掺量（$\leqslant 0.6\text{kg/m}^3$）时对于混凝土的强度影响不明显，而掺量过大（$>1.8\text{kg/m}^3$）一则混凝土流动性损失过大，混凝土难于成型、密实，从而造成强度下降，二则纤维分散性不良，出现束状，降低了纤维的利用率，影响混凝土内部质量，增加了做面难度。若想提高混凝土强度，必须掺入减水剂或增大水泥用量来提高混凝土的和易性，使混凝土易于成型密实以达到增强的效果，这样的做法则进一步增加了混凝土的成本，使性价比变低，因此，推荐机场道面混凝土中合成纤维的最佳体积掺量为 0.10% ~ 0.15%。聚丙烯纤维最佳掺量为 $0.9 \sim 1.4\text{kg/m}^3$，聚丙烯腈纤维最佳掺量为 $1.2 \sim 1.6\text{kg/m}^3$，聚酯纤维最佳掺量为 $1.4 \sim 1.8\text{kg/m}^3$。

三、纤维混凝土的抗裂性

1. 纤维品种对抗裂性的影响

通过对抗裂性试验条件的研究分析，最终确定纤维道面混凝土的抗裂性试验条件为试件成型后停放 2h，温度为 $30℃ \pm 2℃$，湿度为 $60\% \pm 2\%$，风速为 5m/s。以此条件进行抗裂性试验。

在对国内外现有纤维品种调研分析的基础上，选取了改性聚酯（BX）、单丝聚丙烯（NX）、网状聚丙烯（WX）和聚丙烯腈（SX）四种合成纤维，在一定纤维体积掺量条件下，进行不同品种纤维混凝土的抗裂性对比试验，以寻求适合机场道面混凝土工程特点的纤维品种。试验结果见表5-10。

纤维品种对混凝土抗裂性的影响   表 5-10

混凝土类型	BX	NX	WX	SX
裂缝长度（mm）	582	825	880	659
裂缝面积（mm²）	11.64	16.49	17.60	13.18
裂缝降低系数（%）	86.3	80.6	79.3	84.5
抗裂等级	I 级	I 级	I 级	I 级
备注	表中数据为 3 次试验，每次试验同种纤维 2 块板，共 6 个数据的平均值，其中纤维掺量为 0.1%			

结果分析：

（1）不同品种的纤维对混凝土的抗裂性影响不同。纤维提高混凝土抗裂能力的大小与自身的性能特点有关。在体积率 0.1% 时，改性聚酯与聚丙烯腈纤维的抗裂效果基本类似，裂缝降低系数在 85% 左右，大于聚丙烯纤维（裂缝降低系数在 80% 左右）。

（2）试验中还发现纤维的外观形状（束状单丝、网状）对混凝土抗裂性的影响差异很小，单丝聚丙烯（NX）混凝土的裂缝降低系数（80.6%）只比网状聚丙烯（WX）的裂缝降低系数（79.3%）增加了1.3个百分点。

2. 纤维掺量对抗裂性的影响

前面分析了纤维掺量对混凝土和易性和强度的影响规律。为了进一步考察纤维掺量对混凝土抗裂性的影响规律，采用纤维体积掺量分别为0.08%、0.1%、0.12%共3个掺量进行试验，结果见表5-11。

不同掺量对抗裂性的影响

表5-11

类型		改性聚酯			单丝聚丙烯			网状聚丙烯			聚丙烯腈		
评价指标		裂缝长度	裂缝面积	降低系数	裂缝长度	裂缝面积	降低系数	裂缝长度	裂缝面积	降低系数	裂缝长度	裂缝面积	降低系数
单位		mm	mm^2	%	mm	mm^2	%	mm	mm^2	%	mm	mm^2	%
掺量（%）	0.08	990	19.8	77	1205	24.1	72	1245	24.9	71	1030	20.6	76
	0.10	645	12.9	85	815	16.3	81	775	15.5	82	690	13.8	84
	0.12	215	4.3	95	430	8.6	90	385	7.7	91	170	3.4	96
备注		表中数据为3次试验，每次同种纤维2块板，共6个数据的平均值											

试验结果表明：低掺量条件下（0.08%～0.12%）随着纤维掺量的增加混凝土裂缝面积呈递减趋势，裂缝降低系数逐渐增加，纤维混凝土的抗裂能力逐步增强，但达到一定掺量时（0.12%），纤维的抗裂能力已充分发挥，裂缝降低系数达到90%以上，若再增加掺量则对抗裂性提高帮助不大，且有可能影响混凝土的和易性，增加造价。综合考虑纤维对混凝土和易性、强度、抗裂性和经济性的影响，建议纤维的掺量为0.1%～0.12%，此时的裂缝降低系数已达到85%以上，抗裂等级为Ⅰ级，能够极大改善混凝土的抗裂性。

另外，当纤维质量掺量为1.1kg/m^{3}时，改性聚酯、聚丙烯腈和聚丙烯纤维的体积率分别为0.08%、0.093%和0.12%，从表5-11推算出裂缝降低系数分别为77%、82%和90%（或91%）。即在相同质量掺量时，聚丙烯纤维的抗裂性反而优于改性聚酯和聚丙烯腈纤维。

3. 纤维对混凝土裂缝发展的影响

试验发现，合成纤维道面混凝土的裂缝发展缓慢，其裂缝的扩展速度明显小于普通道面混凝土，纤维混凝土的最终裂缝宽度明显小于普通混凝土。纤维的掺入能推迟混凝土的初裂时间，细化混凝土裂缝，减小裂缝的长度和宽度，能够有效抑制裂缝的扩展，提高混凝土的抗裂能力。合成纤维与普通混凝土的裂缝发展状况，如图5-13、图5-14所示。普通混凝土的最大裂缝宽度（0.13mm）是纤维混凝土最大裂宽（0.04mm）的3倍。

四、合成纤维道面混凝土的耐久性

高性能混凝土的主要特征是具有较高的耐久性。许多研究表明，在混凝土中掺加合成纤维可以提高混凝土的耐久性。但由于混凝土的种类和配合比不同，对耐久性改善的幅度也不同。本章结合机场道面的特点，对纤维混凝土的耐久性开展了比较全面的试验研究，包括纤维混凝土的抗渗性、抗冻性、耐磨性及耐气候老化性等方面。

混凝土在使用期间，环境中的水、气体及其所含侵蚀性介质可通过毛细孔浸入到混凝土内部,之后产生的物理和化学反应会导致混凝土逐渐劣化。混凝土的耐久性实质上就是抵抗这种劣化作用的能力。产生劣化作用的内部潜在因素是混凝土中的化学成分,外部条件是环境中侵蚀介质和水的存在,必要条件是外部侵蚀性介质和水能逐渐浸入混凝土的内部。

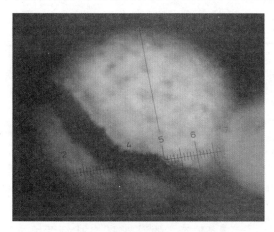 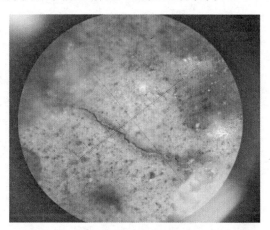

图 5-13　普通道面混凝土的裂缝　　　　图 5-14　纤维道面混凝土的裂缝

1. 道面纤维混凝土的渗透性

混凝土的渗透性,可定义为介质通过混凝土的流畅性。混凝土耐久性的破坏过程几乎均与水有极为密切的关系,因此抗渗性成为评价混凝土耐久性的重要指标。我国地域广阔,许多机场修建在气候条件恶劣的地区,因此避免道面混凝土劣化的外部条件是不可能的。为此有必要从内部因素入手提高混凝土的耐久性能,也就是当混凝土劣化的外部条件存在时,使混凝土不产生原始裂缝,混凝土硬化后体积稳定不产生收缩裂缝,同时改善混凝土的成分和结构,减少易受腐蚀的组分,从根本上提高混凝土的抗侵蚀性能。

（1）不同纤维品种的影响

选取改性聚酯（BX）、单丝聚丙烯（NX）、网状聚丙烯（WX）、聚丙烯腈（SX）四种纤维各成型两组纤维混凝土试件,同时成型两组普通混凝土试件（P）进行抗渗试验,结果取平均值,见表 5-12。

普通混凝土与掺不同纤维混凝土的抗渗性试验结果　　　　表 5-12

混凝土类型		P	BX	NX	WX	SX
Cl⁻ 渗透试验结果（C）		2400	1595	1643	1705	1425
静水压力试验结果	抗渗等级	P10	P22	P20	P14	P24
	渗水高度（mm,1.0MPa 时）	140	70	90	110	50

由表 5-12 和图 5-15、图 5-16 可以看出:

①纤维混凝土抗氯离子渗透性能比普通混凝土大大提高。聚酯纤维混凝土通过电量为普通混凝土的 66%,聚丙烯网状纤维混凝土为 71%,聚丙烯单丝纤维混凝土为 68%,聚丙烯腈纤维混凝土为 59%,聚丙烯腈纤维混凝土表现出较好的抗渗性。

②静水压力试验结果表明掺纤维混凝土抗渗性明显高于普通混凝土。聚丙烯腈纤维混凝土抗渗等级达到了 P24,是普通混凝土的 2.4 倍;孜性聚酯纤维混凝土和单丝聚丙烯混凝土抗

渗等级也都在 P20 以上;网状聚丙烯纤维混凝土抗渗透能力相对较低,抗渗等级只有 P14。

③抗氯离子渗透性和静水压力试验都表明聚丙烯腈和聚酯纤维的抗渗透性能优于聚丙烯纤维。

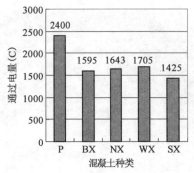

图 5-15　混凝土抗氯离子渗透试验结果

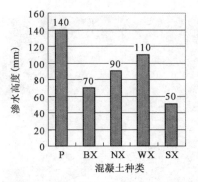

图 5-16　混凝土抗静水压力渗透试验结果

(2)不同纤维掺量的影响

选取聚酯纤维掺量分别为 0、1.4kg/m³、2.1kg/m³、2.8kg/m³ 的混凝土,各成型两组抗渗试件,抗渗试验结果取平均值,见表 5-13。

不同纤维掺量混凝土抗渗试验结果　　　　　　　　　　　表 5-13

纤维掺量(kg/m³)		0	1.4		2.1		2.8	
Cl⁻渗透试验结果(C)		2400	1595		1662		1756	
静水压力试验结果	压力值(MPa)	1.0	1.0	4.1	1.0	4.1	1.0	4.1
	渗水高度(mm)	140	70	90	80	105	110	148

由表 5-13 和图 5-17、图 5-18 可以看出:

抗氯离子渗透试验和静水压力试验都表明纤维混凝土的抗渗透性能并不随着纤维掺量的增加而提高,纤维掺量为 1.4kg/m³ 时,抗渗效果最好。当纤维掺量过大,容易在混凝土中成团,这些成团的纤维为水的渗透提供了通道,使抗渗性变差。试验表明,聚酯纤维掺量大于 1.8kg/m³ 时,出现较明显的成团现象,因此掺量不宜超过 1.8kg/m³。

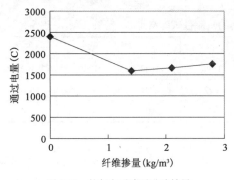

图 5-17　抗氯离子渗透试验结果

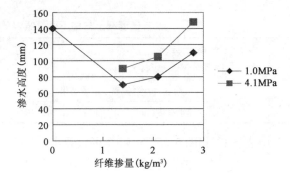

图 5-18　抗静水压力渗透试验结果

(3)减水剂与纤维复合的影响

在寒冷地区,为了满足混凝土的抗冻要求,往往需要掺加引气减水剂。本节研究了引气减水剂与纤维复合掺加时混凝土的抗渗性。掺加的引气减水剂为聚羧酸引气减水剂(SDJ),掺量为水泥的 1.5% 。掺加引气剂时,对基准混凝土的配合比做了调整,水灰比减为 0.40,如表 5-14 所示。

掺加引气剂时的混凝土配合比 　　　　表 5-14

材料	水泥	水	砂子	石子	外加剂 SDJ
用量(kg/m³)	320	128	599	1435	4.8

选取聚酯、单丝聚丙烯、聚丙烯腈三种纤维分别与聚羧酸引气减水剂复合,各成型两组混凝土试件,进行抗渗试验,结果取平均值,见表 5-15。

引气减水剂与不同品种纤维复合混凝土抗渗试验结果 　　　　表 5-15

混凝土类型		S		SB		SN		SS	
Cl⁻渗透试验结果(C)		783		756		821		713	
静水压力试验结果	压力值(MPa)	1.0	4.1	1.0	4.1	1.0	4.1	1.0	4.1
	渗水高度(mm)	21	30	18	20	25	33	15	18

注:S 为单掺聚羧酸,SB 为聚羧酸与聚酯纤维复掺,SN 为聚羧酸与聚丙烯单丝纤维复掺,SS 为聚羧酸与聚丙烯腈纤维复掺。

由表 5-15 和图 5-19、图 5-20 可以看出:

①聚羧酸引气减水剂的加入,大幅度提高了混凝土的抗渗透性能。S(单掺聚羧酸)、SB(聚羧酸与聚酯纤维复掺)、SN(聚羧酸与聚丙烯单丝纤维复掺)、SS(聚羧酸与聚丙烯腈纤维复掺)型混凝土抗氯离子渗透性能比普通混凝土分别提高了 50.9%、52.6%、48.5%、55.3%。

②由静水压力试验可以看出,聚羧酸引气减水剂的引入,在保证混凝土一定和易性能的前提下降低了水灰比,同时引入混凝土的微小匀质气泡阻挡了液体侵入混凝土的途径,对混凝土的抗渗透性能提升较为明显。

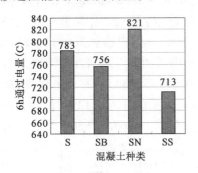

图 5-19　引气减水剂混凝土抗氯离子渗透结果　　　图 5-20　引气减水剂混凝土抗静水压力试验结果

2.道面纤维混凝土的抗冻性

抗冻性是指混凝土在水饱和状态下能经受多次冻融循环作用而不被破坏的性能。在寒冷地区,机场道面混凝土受冻融循环破坏往往是导致混凝土劣化的主要因素。抗冻性可间接反映混凝土抵抗环境水浸入和抵抗冰晶压力的能力,因此,抗冻性常作为衡量混凝土耐久性的重要指标之一。

(1)不同纤维品种的影响

为了研究不同品种纤维对混凝土抗冻性能的影响,选取了聚酯、单丝聚丙烯、网状聚丙烯和聚丙烯腈四种纤维,分别在0.10%、0.12%的体积掺量下制作混凝土试件进行抗冻试验,试验结果见表5-16和图5-21。

掺有不同纤维品种的混凝土抗冻性能试验结果 表5-16

试件编号	质量初值（kg）	动弹初值（Hz）	次数	相对动弹（%）	质量损失（%）	次数	相对动弹（%）	质量损失（%）	抗冻等级
P	10.25	54.65	125	63	0.78	150	57.3	3.61	F125
BX-0.10	10.10	50.85	325	61	0.79	350	55.0	1.39	F325
BX-0.12	10.12	59.57	350	64	0.30	375	56.2	1.09	F350
NX-0.10	10.15	51.78	250	60.5	0.89	275	50.5	5.42	F250
NX-0.12	10.18	51.72	300	68.2	4.91	325	51.7	5.70	F300
WX-0.10	10.23	53.12	175	66.2	1.66	200	53.0	4.99	F175
WX-0.12	10.16	52.30	175	60.1	1.87	200	50.2	5.02	F175
SX-0.10	10.12	50.87	325	64.4	0.30	350	59.5	0.49	F325
SX-0.12	10.14	51.07	325	66.0	0.30	350	59.0	0.30	F325

注:混凝土型号后数字代表纤维掺量,如BX-0.10代表混凝土纤维体积掺量为0.10%。

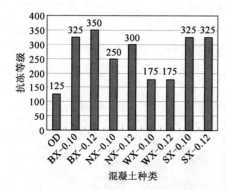

图5-21 两种掺量下混凝土抗冻试验结果

试验结果分析:

①从表5-16及图5-21可知,纤维的掺入大幅度提高了混凝土的抗冻等级。普通混凝土抗冻等级为F125,当纤维体积掺量为0.10%时,聚酯、单丝聚丙烯、网状聚丙烯和聚丙烯腈纤维混凝土抗冻等级分别为F325、F250、F175、F325。当纤维体积掺量为0.12%时,聚酯、单丝聚丙烯、网状聚丙烯和聚丙烯腈纤维混凝土抗冻等级分别为F350、F300、F175、F325。尤其是聚酯、单丝聚丙和聚丙烯腈纤维在体积掺量为0.12%时,均表现出较好的抗冻性能,抗冻等级均能达到F300以上。而网状聚丙烯纤维混凝土的抗冻性能相对较低。

②几种纤维混凝土在纤维体积掺量为0.12%时比0.10%时抗冻性能有所提高,而在纤维掺量同为0.1%的条件下,混凝土的抗冻性能从高到低依次为:聚丙烯腈纤维混凝土、聚酯纤维混凝土、单丝聚丙烯纤维混凝土、网状聚丙烯纤维混凝土。

（2）不同纤维掺量的影响

选择了抗冻性能较好且掺量对抗冻性敏感的聚酯纤维进行抗冻性能试验,研究纤维掺量对混凝土抗冻性能的影响,试验结果见表5-17和图5-22。

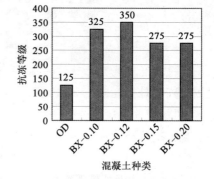

图5-22 不同掺量下聚酯纤维混凝土抗冻试验结

不同体积掺量的聚酯纤维混凝土抗冻性能试验结果　　表 5-17

试件编号	质量初值（kg）	动弹初值（Hz）	次数	相对动弹（%）	质量损失（%）	次数	相对动弹（%）	质量损失（%）	抗冻等级
P	10.25	54.65	125	63.0	0.78	150	57.3	3.61	F125
BX-0.10	10.10	50.85	325	61.0	0.79	350	55.0	1.39	F325
BX-0.12	10.12	59.57	350	64.0	0.30	375	56.2	1.09	F350
BX-0.15	10.31	54.78	275	65.0	0.39	300	50.5	0.58	F275
BX-0.20	10.18	54.21	275	61.0	0.29	300	46.5	0.98	F275

注：混凝土型号后数字代表纤维掺量，如 BX-0.10 代表混凝土纤维体积掺量为 0.10%。

试验结果分析：

从试验结果可知，聚酯纤维体积掺量为 0.10%、0.12%、0.15%、0.20% 的混凝土抗冻等级分别达到了 F325、F350、F275、F275。由此可见，纤维掺量并不是越大越好，存在着一个合理临界值，当掺量大于临界值时，混凝土中的纤维分散性变差，容易成团，反倒影响混凝土的抗冻性能，根据试验情况来看，综合考虑气温、施工条件、经济性等因素，纤维体积掺量控制在 0.10% ~0.12% 较为合适。

（3）引气减水剂与纤维复合的影响

为了考察聚羧酸引气减水剂与纤维复合对混凝土抗冻性能的影响，配制单掺聚羧酸引气减水剂的混凝土，聚酯、单丝聚丙烯、聚丙烯腈三种纤维与聚羧酸引气减水剂复掺的混凝土，进行抗冻性试验研究，结果见表 5-18、图 5-23 和图 5-24。

引气减水剂与纤维复合混凝土抗冻耐久性试验结果　　表 5-18

试件编号	质量初值（kg）	动弹初值（Hz）	次数	相对动弹（%）	质量损失（%）	次数	相对动弹（%）	质量损失（%）	抗冻等级
P	10.25	54.65	125	63	0.78	150	57.3	3.61	F125
S	9.60	42.52	300	91.3	1.15	600	83.28	3.44	>F600
SB	9.45	40.08	300	88.1	0.32	600	73.50	2.65	>F600
SN	9.58	42.56	300	93.5	0.84	600	84.40	3.34	>F600
SS	9.56	42.34	300	96.8	0.31	600	80.87	1.99	>F600

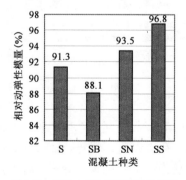

图 5-23　混凝土 300 次冻融试验结果

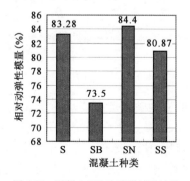

图 5-24　混凝土 600 次冻融试验结果

试验结果分析：

①从表 5-18 及图 5-24 可知，聚羧酸引气减水剂与三种纤维复掺效果很好，聚羧酸引气减

水剂对混凝土的抗冻性能的提升具有决定性作用,抗冻等级均能达到 F600 以上。

②由图 5-23 可知,冻融循环 300 次后四种类型混凝土动弹性模量分别为 91.3%、88.1%、93.5%、96.8%,混凝土表观较好,虽有表层脱落现象,但骨料无裸露。

③冻融循环 600 次后再测量混凝土的相对动弹性模量,四种类型混凝土试件表观都开始有大面积掉渣现象,骨料裸露(图 5-25 ~ 图 5-28),但混凝土相对动弹性模量都还在 80% 以上。说明引气减水剂的加入,使混凝土表现出优秀的抗冻性能。单丝聚丙烯纤维混凝土在掺入引气减水剂后抗冻性能提高幅度非常大,也从侧面证实了引气减水剂对混凝土的抗冻性能提升有着决定性的作用。

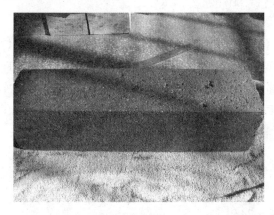

图 5-25　单掺聚羧酸(S)

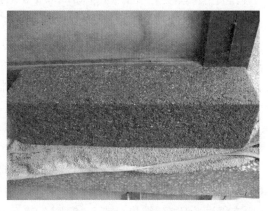

图 5-26　聚羧酸与聚酯纤维复掺(SB)

图 5-27　聚羧酸与聚丙烯单丝纤维复掺(SN)

图 5-28　聚羧酸与聚丙烯腈纤维复掺(SS)

(4)研究分析

①混凝土的冻融破坏是由表及里逐渐破坏。冻融循环次数较少时外观变化不明显,随着冻融次数的增加,混凝土表面开始剥落,有微小孔洞出现,并逐渐连通至整个水泥浆表层脱落,混凝土表面呈麻状,掉渣较多。混凝土冻融达到 250 次以后,无引气减水剂的混凝土开始大面积掉渣,骨料裸露,至完全破坏时,水泥浆已无包裹作用,粗、细骨料分离,见图 5-29。掺有引气减水剂的混凝土在冻融循环达 500 次以后,混凝土表面才开始有剥落现象,见图 5-30。

②部分室外成型混凝土道面板切割试件的抗冻性试验证明,混凝土切割试件抗冻性能较差,抗冻等级均为 F75,远远低于标准成型养护试件。通过分析,我们认为主要原因在于混凝

土切割试件无砂浆保护层,骨料裸露在外,纤维对浆体的紧固作用大为降低,水更容易进入混凝土内部,从而造成冻胀损伤。室外成型切割试件和室内制作试件见图5-31、图5-32。

图5-29　BX300次

图5-30　SB500次

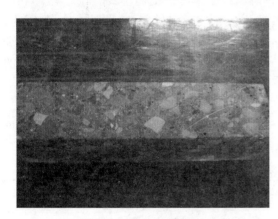

图5-31　室外成型混凝土板切割试件

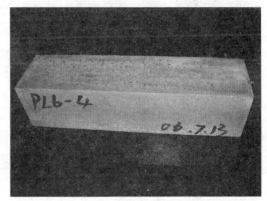

图5-32　室内成型混凝土试件

③本试验所有混凝土试件损坏均是由于弹性模量降低值达到60%以下,而混凝土质量损失很小,均在5%以内。

3.道面纤维混凝土的耐磨性

在机场混凝土道面的使用中,耐磨损往往是一个很重要的性能指标。

水泥混凝土的磨损是一个复杂的物理力学过程,除本身材料的性能外,它还与磨损方式及条件密切相关。在工程上的磨损主要有黏附磨损、磨粒磨损、侵蚀磨损、气蚀磨损、腐蚀磨损及疲劳磨损。混凝土道面往往受到多种磨损方式的综合作用,其中主要是疲劳磨损、磨粒磨损。疲劳磨损的结果将在混凝土道面形成许多自表面脱落的粉末和颗粒,这些颗粒的硬度又往往大于水泥基体,因而进一步导致磨粒磨损。

磨粒磨损就是在混凝土道面上移动的车辆带着坚硬的颗粒相对运动,这些坚硬颗粒被压入混凝土表面,产生剪切和犁削作用。砂粒在物体与混凝土表面之间滚动时,使表面应力不断变化,反复变形,更加剧了疲劳磨损的作用。另外,高速滑跑的飞机,除使道面受到疲劳破损外,如遇到路面凹凸不平,飞机驶过混凝土表面时还会产生负压,在反复负压作用下,将对混凝土表面造成空蚀效应。

（1）不同纤维品种对混凝土耐磨性的影响

选取聚酯、单丝聚丙烯、网状聚丙烯、聚丙烯腈四种纤维成型混凝土试件，进行耐磨试验，并与普通道面混凝土进行对比，结果见表5-19和图5-33。

掺有不同品种纤维的混凝土耐磨试验结果　　　　　表5-19

混凝土类型	P	BX	WX	NX	SX
磨槽深度（mm）	2.01	1.55	1.51	1.34	1.64
耐磨度（%）	1.11	1.45	1.48	1.67	1.37

注：纤维体积掺量为0.10%。

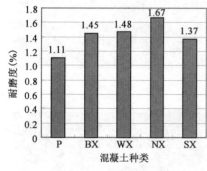

图5-33　不同品种混凝土耐磨试验结果

试验结果分析：由表5-19和图5-33可以看出，纤维混凝土比普通混凝土耐磨性能有所提高。聚酯纤维混凝土耐磨性较普通混凝土提高了30.6%，网状聚丙烯纤维混凝土提高了33.3%，单丝聚丙烯纤维混凝土提高了50.5%，聚丙烯腈纤维混凝土提高了23.4%。聚酯和聚丙烯单丝纤维混凝土表现出较好的耐磨性。这是因为：纤维的加入提高了混凝土的断裂韧性，降低了脆性，减少了早期原生缺陷，降低了弹性模量，因而提高了混凝土的耐磨性能。

（2）不同纤维掺量对混凝土耐磨性的影响

选取纤维体积掺量为0、0.1%、0.12%、0.15%、0.20%成型混凝土耐磨试件，试验结果见表5-20和图5-34。

不同纤维掺量的混凝土耐磨试验结果　　　　　表5-20

纤维品种 \ 纤维体积率（%）耐磨度（%）	0.10	0.12	0.15	0.20
BX	1.45	1.49	1.54	1.65
SX	1.37	1.42	1.49	1.60
WX	1.48	1.82	—	—
NX	1.67	1.95	—	—

注：WX和NX未进行纤维体积率0.15%、0.20%的混凝土耐磨试验。

试验结果分析：

①由表5-20和图5-34可以看出，纤维混凝土的耐磨性能随着纤维掺量的增加而提高。纤维体积掺量为0.10%~0.20%时，聚酯纤维混凝土的耐磨度比普通混凝土提高了30.6%~48.6%，聚丙烯腈纤维混凝土的耐磨度比普通混凝土提高了23.4%~44.1%；纤维体积掺量为0.10%~0.12%时，网状聚丙烯纤维混凝土的耐磨度比普通混凝土提高了33.3%~64.0%，而单丝聚丙烯混凝土

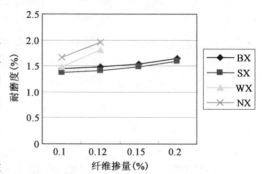

图5-34　不同掺量混凝土耐磨试验结果

的耐磨度比普通混凝土提高了 50.5% ~ 75.7% 。

②聚丙烯纤维混凝土耐磨度对掺量的改变更加敏感,在相同体积掺量下,聚丙烯纤维混凝土耐磨性能提升更高。纤维对混凝土耐磨性能提高程度由高到低依次为:单丝聚丙烯纤维、网状聚丙烯纤维、聚酯纤维、聚丙烯腈纤维。

(3)引气减水剂与纤维复合混凝土的耐磨性

选取聚酯、单丝聚丙烯、聚丙烯腈三种纤维分别与聚羧酸引气减水剂复合,并与单掺聚羧酸引气减水剂的混凝土进行耐磨试验对比,结果见表 5-21 和图 5-35。

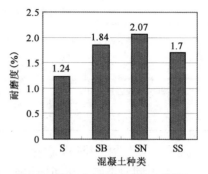

图 5-35 引气减水剂与纤维复合混凝土耐磨试验

引气减水剂与纤维复合混凝土耐磨试验结果 表 5-21

混凝土类型	P	S	SB	SN	SS
磨槽深度(mm)	2.01	1.81	1.22	1.08	1.32
耐磨度(%)	1.11	1.24	1.84	2.07	1.70

试验结果分析:由表 5-21 和图 5-35 可以看出,聚羧酸的加入,在保证混凝土良好和易性能的前提下降低了水灰比,提高了混凝土的耐磨性能。单掺聚羧酸的混凝土耐磨度比普通混凝土提高了 11.7%;纤维与聚羧酸复掺,能大幅度提高混凝土的耐磨性能,SB、SN、SS 混凝土耐磨度分别比普通混凝土提高 65.8% 、86.5% 、53.2% 。

4. 道面纤维混凝土的耐候性

机场混凝土道面属于暴露薄板结构,在西北、西南高原等地区,长期暴露在较强的紫外线下。合成纤维属于有机高分子材料,与一般的高分子材料一样,其耐候性特别是抗紫外光性能是需要特别关注的问题。试验研究拟根据典型地区的紫外线强度,采用强紫外线照射,确定纤维在照射时间下的损伤情况和混凝土力学性能受影响情况。紫外光老化实验参照塑料氙灯光源暴露试验方法进行,纤维采用聚酯纤维(PET)和聚丙烯纤维(PP),混凝土试样 KB、PP2、PP4、PE4 在 3 个紫外灯[峰值为 308nm,辐射强度为 1.5W/m² (30cm)]的照射下,辐照时间为 4344h,紫外线辐射量为 19.548kJ/m²。经紫外光老化后的混凝土劈裂试验按《公路工程水泥及水泥混凝土试验规程》中 T 0560—2005 对聚丙烯和改性聚酯纤维混凝土的进行试验(图 5-36),测定破坏后的极限荷载,根据 $f_{cs} = 2F/\pi A = 0.637F/A$ 算出混凝土劈裂抗拉强度,试件尺寸为 100mm × 100mm ×200mm,试件劈裂面面积为 100mm ×200mm,基准混凝土配合比与强度试验相同,混凝土的纤维掺量为 0、0.9kg/m³ 和 1.5kg/m³。合成纤维混凝土受紫外光老化对

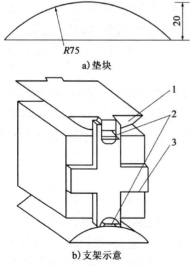

图 5-36 混凝土劈裂抗拉强度几何示意图(尺寸单位:cm)
1-垫块;2-垫条;3-支架

混凝土劈裂抗拉强度的试验结果见表5-22。

纤维混凝土受紫外光老化对劈裂抗拉强度的影响　　　　　表5-22

试样编号	KB	PP2	PP4	PET4
纤维掺量（kg/m³）	0	0.9	1.5	1.5
老化后劈裂抗拉强度（MPa）	2.9	3.0	2.5	2.4
老化后相对劈裂抗拉强度（%）	100	103.45	86.21	82.76

混凝土试件经过4344h紫外光老化后，混凝土劈裂抗拉强度变化的情况随合成纤维的种类、掺量的不同而不同。相同掺量条件下的改性聚酯纤维劈裂抗拉强度要比聚丙烯纤维混凝土劈裂抗拉强度低。同种纤维混凝土随掺量的增加，其劈裂抗拉强度呈现递减的趋势。掺量为0.9kg/m³的聚丙烯纤维混凝土相对于普通混凝土而言，劈裂抗拉强度提高了3.45%。

第五节　道面纤维混凝土施工

普通混凝土的施工环节一般包括混凝土的搅拌、运输、浇筑和振捣。机场道面纤维混凝土的施工同样是这样的流程，不同的是在搅拌的过程中增加的纤维的投放顺序。要保证纤维混凝土的质量，纤维的投放顺序是关键，因此，纤维混凝土的搅拌工艺必须重视。

在机场道面纤维混凝土的制备过程中，搅拌工艺是一个十分复杂的问题，搅拌的目的除了达到混凝土组成材料的拌和均匀外，还要考虑纤维应在水泥基体中均匀分散和最低程度的损伤。纤维在混凝土的分散性直接决定着纤维的利用率，影响着纤维在混凝土中的作用效果。为了充分发挥纤维的作用，对纤维的分散性有严格的要求，即要求纤维全部以单丝状态存在，没有结团、集束现象，而且宏观上纤维在整个混凝土体系中均匀分布。

合成纤维虽然不像钢纤维那样容易在混凝土中成团，难于分散，但合成纤维容易在混凝土中成束状并在搅拌过程中容易损伤，降低纤维自身的性能，所以研究合成纤维混凝土的搅拌工艺对于提高合成纤维的利用率，降低其损耗，提升合成纤维混凝土的性能有着十分重要的意义。

根据不同搅拌时间（分别为2min、3min、4min）对合成纤维分散性和表观损伤情况的影响，不同投料顺序（如干拌砂浆裹石法、湿拌砂浆裹石法、纤维骨料混合法等）对混凝土抗折强度的影响，寻求基于现有施工条件下能最大限度提升道面混凝土匀质性的最佳搅拌时间和投料顺序。

1. 搅拌时间对合成纤维分散性和表观损伤情况的影响

参考有关文献，选取2min、3min、4min三个搅拌时间进行试验，结果见表5-23。

试验结果表明：合成纤维混凝土的搅拌时间应该适当延长。搅拌时间过短，纤维分散不均匀，容易成束而影响混凝土质量，降低纤维的利用率；但也不宜过长，过长一则容易造成纤维的损伤，二则降低施工效率，且容易造成机械的磨损，增加造价。在试验室合成纤维混凝土的最佳搅拌时间为3min，而工地施工时，搅拌时间应根据搅拌机的类型，在规范规定时间的基础上延长30s。

搅拌时间对聚丙烯腈纤维混凝土性能的影响　　　　表 5-23

评价指标 搅拌时间(min)	表 观 质 量	分 散 性
2	表观质量良好,基本无损伤	有少量束状
3	表观质量良好,少量损伤	分散性良好
4	大量纤维有损伤且破坏较为严重	分散性很好
备注	纤维为聚丙烯腈纤维,掺量为 $1.2kg/m^3$	

2. 投料顺序对混凝土抗折强度的影响

对投料顺序的研究是建立在搅拌时间研究的基础上,固定纤维体积掺量为 0.1%,搅拌时间为 3min 的条件下,参考有关文献,选择五种投料方式,分析不同的投料顺序对混凝土抗折强度的影响。试验结果见表 5-24。

不同投料对聚丙烯腈纤维混凝土强度的影响　　　　表 5-24

编　号	投 料 顺 序	抗折强度(MPa)	抗压强度(MPa)
J1	砂子 + 水泥 + 纤维(30s) + 水(30s) + 石子(120s)	6.15	51.2
J2	砂子 + 水泥 + 水(30s) + 纤维(30s) + 石子(120s)	5.85	50.1
J3	砂子 + 水 + 纤维(30s) + 水泥(30s) + 石子(120s)	5.92	50.2
J4	砂子 + 水泥 + 水 + 纤维(60s) + 石头(120s)	5.87	50.7
J5	砂子 + 水泥 + 纤维 + 石头 + 随时加水(共搅拌180s)	6.08	50.9

试验结果表明投料顺序为干拌砂浆裹石法(编号 J1)的效果较好,容易使合成纤维在混凝土中分散均匀,抗折强度较高。纤维集料混合法(编号 J5,即现行的工地搅拌方式)强度也较高。总体来说,投料顺序对高强道面混凝土的抗折强度影响不大,因此不改变现行的搅拌投料顺序,仅仅延长搅拌时间即可。

干拌砂浆裹石法(J1)的增强原因分析:混凝土的强度,尤其是抗折强度主要取决于粗骨料与水泥浆体的界面强度,也就是过渡区强度。干拌砂浆裹石法能够使纤维和水泥颗粒在混凝土中充分分散,增加了包裹于骨料和纤维等外掺料周围的有效水泥颗粒量。在混凝土搅拌成型过程中,避免了水分直接润湿骨料表面和在粗骨料下缘的聚集,纤维阻止了骨料下沉和水分上升,提高了组分的分散性和均匀性,减少了泌水,改善了过渡区的界面结构,由此提高了混凝土的强度。

纤维骨料混合法(J5,即现行的工地搅拌方式)的投料顺序和搅拌方式是边搅拌边加水,在水分没有完全加入的情况下,纤维已经充分分散,低水灰比的胶砂已经包裹了石子,随后加入的剩余水分,仅仅用于提高混凝土的流动性,同样达到了干拌砂浆裹石法的增强效果,因此混凝土强度也较高。

综上所述,为了使合成纤维在混凝土中均匀分散和最低程度的损伤。合成纤维混凝土的搅拌方式应使用双卧轴强制式搅拌机搅拌,以保证纤维混凝土拌和物的均匀性及质量;在试验室合成纤维混凝土的最佳搅拌时间为 3min,而工地施工时,搅拌时间应根据搅拌机的类型,在规范规定时间的基础上延长 30s;投料方式可以仍然采用现行的工地搅拌方式(纤维骨料混合法,编号 J5)。

第六章　道面再生混凝土

第一节　概　　述

再生混凝土是将废弃混凝土块经破碎、清洗、分级和按一定比例配合后得到的"再生骨料"作为部分或全部骨料代替天然骨料配制的混凝土(也称再生骨料混凝土,Recycled Aggregate Concrete, RAC)。相对于再生混凝土而言,把用来生产再生骨料的原始混凝土称为基体混凝土。具体到机场工程领域,采用废弃机场水泥混凝土道面板等混凝土作为基体混凝土,用来生产满足机场道面水泥混凝土组成材料要求的再生骨料,配制而成的满足机场道面要求的水泥混凝土,称为机场道面再生混凝土,简称道面再生混凝土。

一、建筑业可持续发展思路

随着社会经济的发展以及人们环保意识的增强,资源和环境越来越受到重视。20 世纪 80 年代后期,"保护地球环境,寻求与自然的和谐,走可持续发展道路"成为全世界共同关心的重大课题,我国也专门制定了《中华人民共和国节约能源法》。建筑业的发展方向必然是既要满足人们的需要,又要考虑环境的因素,减轻对地球环境的负荷,有利于资源、能源节约和生态平衡。

有关环境可持续发展的概念是在 20 世纪 80 年代提出的,它的含义简单地说就是要给人类后代留下充足的资源以满足他们的需要。1994 年 11 月第一届世界可持续发展会议在美国佛罗里达召开,着重讨论了建筑业的可持续发展问题。对建筑业来说,必须承担起其在人类可持续发展中所负有的重要责任,也唯有这样,建筑业才能在 21 世纪持续发展与繁荣。

二、再生混凝土与可持续发展

19 世纪 20 年代出现波特兰水泥后,水泥混凝土作为一种新型人造建筑材料,以其骨料可以就地取材,构件易于成型等突出优点,日益广泛应用于公路、桥梁、港口码头、石油平台、机场、大坝、地下工程等土建工程,是目前使用量最大的土木建筑材料,世界水泥产量从 1900 年的 0.1 亿 t 发展到 2010 年的 33 亿 t。世界建筑工业每年大约需要水泥质量 4 倍的砂石骨料来生产混凝土,按质量计,混凝土用量是钢材的 5 倍。某种程度上说,现代人类文明离不开混凝土,可以说"凡有人群的地方,就有混凝土在闪光"。但是,已故中国工程院资深院士、著名混凝土科学家吴中伟教授指出:水泥混凝土作为当今最大宗的人造材料,对资源、能源的需求和对环境的影响十分巨大。

首先,生产水泥要消耗大量的矿物、能源,排放大量 CO_2 等污染物,对环境造成不利影响。

据统计,目前世界每年生产水泥排放的 CO_2 达 14 亿 t 以上,占世界 CO_2 总排放量的 7% ,与此同时还产生大量的粉尘、SO_2 和 NOx 等污染物,对自然生态环境造成恶劣的影响。

其次,混凝土结构寿命到期或者受到地震等自然灾害破坏后,产生大量的以水泥混凝土为主要成分的建筑垃圾,对环境也造成很大的不利影响。有关资料显示,世界每年拆除的废旧混凝土、新建建筑产生的废弃混凝土以及混凝土工厂、预制构件厂排放的废旧混凝土的数量是巨大的。例如:欧洲共同体废混凝土的排放量从 1980 年的 5500 万 t 增加到目前的 16200 万 t 左右,而废砖排放量将基本稳定在每年 5200 万 t 左右;美国每年大约有 6000 万 t 废弃混凝土;日本每年约有 1600 万 t 废弃混凝土;在德国,每年拆除的废弃混凝土约为 0.3t/年·人。我国 2013 年建筑垃圾产生量约 10 亿 t,其中拆除建筑产生的建筑垃圾约 7.4 亿 t,新建建筑产生的建筑垃圾约 2.6 亿 t,其中混凝土块约占 1/3,并且随着城市化进程的加快和建筑业的发展,建筑垃圾的数量会越来越大,预计到 2020 年将达到 20 亿 t 的峰值,目前建筑垃圾利用率不足 5% ,与欧美发达国家利用率 70% 以上有巨大差距。如此巨量的建筑垃圾如不利用,直接当作垃圾丢弃,除处理费用惊人外,还需要占用大量的空地存放,而且难以降解,引发十分突出的环境问题,因此如何处理建筑垃圾的问题非常严峻。

另外,生产混凝土需要大量的砂石骨料,现在世界上每年生产和应用混凝土约 30 亿 m^3 ,约耗费 30 亿 t 粗骨料和 20 亿 t 细骨料。美国目前每年需要骨料约 20 亿 t,到 2020 年将达到 25 亿 t。我国每年约生产混凝土 13 亿 m^3 ,需 12 亿 t 粗骨料和 9 亿吨细骨料,要耗费大量的天然资源。如果任其继续发展下去,河砂要挖尽,青山将削平,开采、处理、运输骨料将消耗更多的能源,产生更多的温室气体,对生态环境带来恶劣的影响。

1992 年,联合国在巴西里约热内卢召开世界环境与发展会议后,绿色事业受到全世界的重视。绿色的含义随着人们认识的提高而不断扩大,吴中伟教授将其概括为:节约资源、能源;不破坏环境,更应有利于环境;可持续发展,保证人类后代能健康、幸福地生活下去。并指出,作为一种材料或一种产业,节约资源、能源也是为了本身能够持续存在和发展。水泥混凝土能否长期作为最主要的建筑材料,关键在于其能否成为绿色材料。并在国内首次提出"绿色高性能混凝土"的概念,为今后混凝土的发展指明了方向。为此混凝土的生产必须从原始落后的、以消耗大量资源和能源为代价的粗放生产经营方式,向大量节约资源和能源、减轻地球环境负荷及维护生态平衡的具有最新、最高技术水平的生产经营方式发展,走"绿色"可持续发展的道路,而再生混凝土正适应这种最新的生产经营方式。再生混凝土充分利用了废弃建筑垃圾中的混凝土及其他能作为混凝土骨料的成分,完全满足"绿色"的三大含义,因此,可以说,建筑工业材料重新使用的可能性方面,再生混凝土的研究应用开辟了一个全新的领域,是社会可持续发展方面努力的一个重要突破,它是一种可持续发展的绿色环保混凝土,有利于全球的可持续发展。

三、国内外再生混凝土研究应用现状

第二次世界大战后,苏联、美国、德国、荷兰、日本等国开始对废弃混凝土进行开发研究和再生利用。1976 年,国际材料与结构研究实验联合会(RILEM)设立"混凝土的拆除与再利用技术委员会",着手研究废混凝土的处理与再生利用技术,至目前,该委员会已召开多次有关废弃混凝土再生利用的专题国际会议。我国国土面积大,资源丰富,在过去一定时期内混凝土

的原材料危机不是十分突出,因而对再生混凝土的开发研究较晚。但随着人们环保意识的增强,建筑废物引起的生态环境问题日益受到人们的重视,特别是废弃混凝土的回收利用,再生混凝土现在也已经成为混凝土研究领域中的一个热点。有些国家还采用立法形式来保证此研究和应用的开展,再生混凝土技术已经成为世界各国共同关心的课题,也是国内外工程界和学术界关注的热点和前沿问题之一。

1. 国外研究应用现状

美国自1982年起,在《混凝土骨料标准》(ASTM-33-82)中将破碎的水硬性水泥混凝土包含在了粗骨料中。大约在同一时期,美国军队工程师协会(Society of American Military Engineers,SAME)也在相关规范和指南中鼓励使用再生混凝土骨料。美国政府还制定了《超级基金法》,规定任何生产有工业废弃物的企业,必须自行妥善处理,不得擅自随意倾倒。这给再生混凝土的发展提供了法律保障,再生混凝土在美国交通建设中已使用较多。在加拿大,由于天然骨料供应充足,废弃混凝土往往作为填料或基层材料,再生混凝土的研究应用起步较晚。在欧洲,荷兰是最早开展再生混凝土研究和应用的国家之一,早在20世纪80年代,荷兰就制定了有关利用再生混凝土骨料制备素混凝土、钢筋混凝土和预应力钢筋混凝土的规范,明确规定了相关的技术要求,并指出,如果再生骨料在骨料中的含量不超过20%(按质量计),混凝土的生产就应该按照普通天然骨料混凝土的设计和制备方法进行。在俄罗斯,早在苏联时期,就研究了将废弃混凝土作为混凝土骨料的可能性,20世纪70年代末利用废弃混凝土约4000万t。后来主要研究了再生混凝土的配合比设计以及新拌再生混凝土的性能,结果表明随再生骨料含量在混合料中的增大,再生混凝土的抗压强度和弹性模量均逐渐减小。在德国,第二次世界大战产生大量建筑垃圾,因此对建筑垃圾的再利用研究较早。早在1948年,学者Graf就研究了废弃混凝土中石膏含量对混凝土性能的影响,得出废弃混凝土中石膏的界限含量约为1%(以SO_3含量计),粉状石膏比粒状石膏更易导致混凝土的膨胀,德国目前将再生混凝土主要用于路面。在澳大利亚,从20世纪80年代末开始,墨尔本和悉尼等城市开始利用再生混凝土。日本由于国土面积小,资源相对匮乏,十分重视废弃混凝土的重新开发利用。早在1977年日本政府就制定了《再生骨料和再生混凝土使用规范》,并相继在各地建立了以处理混凝土废弃物为主的加工厂。1991年,又制定了《资源重新利用促进法》,并制定了其他多项法规来保证再生混凝土的发展。日本系统地研究了再生混凝土的配合比设计以及强度、吸水性、收缩和耐久性等性能。

2. 国内研究应用现状

在我国,由于国土面积大,资源比较丰富,建筑垃圾的综合利用得不到足够的重视。近年来,随着社会经济发展,以及地震等自然灾害的发生,产生大量的建筑垃圾,生态环境问题逐步凸显出来,建筑垃圾的综合利用开始得到重视,政府制定中长期科教兴国战略和社会可持续发展战略,鼓励废弃物再生技术的研究和应用。虽然我国对建筑垃圾废料的综合利用起步较晚,但也先后颁布了《中华人民共和国固体废物污染环境保护法》《城市固体垃圾处理法》,1997年原建设部将"建筑废渣综合利用"列入科技成果重点推广项目,2002年上海市科委设立重点项目,对废弃混凝土的再生利用技术展开了较为系统的研究,2004年原交通部启动了"水泥混凝土路面再生利用关键技术研究",2007年科技部将"建筑垃圾再生产品的研究开发"列入国家科技支撑计划,2008年汶川地震后,为及时清运、妥善处理地震灾区建筑垃圾,促进建筑垃圾在灾后重建中的就近处理、资源化利用,住房和城乡建设部颁布实施《地震灾区建筑垃圾处理技术导则》,这些法律法规的颁布的科研计划的实施,提高了对建筑垃圾再生利用的重视度,推动了建筑垃圾再生利用的应用研究。

目前,有关再生混凝土性能的系统研究不多,尚处于实验室阶段,国内有数十家科研院所开展了再生混凝土的研究,同济大学、武汉大学、武汉理工大学、郑州大学、西南交通大学、西安建筑科技大学、西北工业大学和哈尔滨工业大学等都开展了再生混凝土研究,研究工作逐渐深入。但由于再生骨料自身的复杂性、变异性,使再生混凝土的性能比天然骨料混凝土稍差,实际应用受到限制,多数废弃混凝土尚未得到较好的再生利用。目前少量再生混凝土用于道路基础和非承重结构,而用于承重结构如房屋建筑、道路路面、桥梁工程特别是机场道面工程,还有相当长一段路要走。特别是缺乏废弃混凝土的相关鉴定分级标准,造成控制再生混凝土的质量就有一定的困难。这与发达国家相比还有一定差距,需要国内学者更深入地研究,以及国家的政策、资金方面的扶持与保障。

由于起步较晚,我国对建筑垃圾的应用也较少。1991年,上海市第二建筑工程公司在市中心的"华亭"和"霍兰"两项工程的7幢高层建筑施工过程中,将结构施工阶段产生的建筑垃圾,经分拣、剔除并把有用的废渣碎块粉碎后与标准砂按1∶1的比例拌和作为细集料,用于抹灰砂浆和砌筑砂浆,砂浆强度可达5MPa以上,共计回收利用建筑废渣480t,节约砂子材料费1.44万元和垃圾清运费3360元,扣除粉碎设备等购置费,净收益1.24余万元。1991年,合宁(合肥—南京)高速公路建成通车,随着交通量的增长、使用年限的增加,路面出现了不同类型的病害,每年路面维修工程量为9万~10万 m^2,产生旧混凝土3万~4万 m^3。为此,在养护维修过程中,根据高速公路快速通行的特点,旧混凝土破碎为再生骨料得到充分利用,并加入早强剂,达到快速通行的目的。施工前测试了再生骨料的表观密度、吸水率、针片状颗粒含量、压碎值、坚固性和冲击值,并且充分注意了骨料的最大粒径和级配。用再生骨料代替天然骨料,再生骨料的利用率为80%,每年的维修工程量为9万~10万 m^2,则节约骨料的运输费用为117万~130万元。同时,节省了废料占用的土地费用67万~75万元。这样既节省了大量的养护资金,又有利于环境保护,获得了良好的社会经济效益。1992年,北京城建(集团)一公司先后在9万 m^2 不同结构类型的多层和高层建筑的施工过程中,回收利用各种建筑废渣840多吨,用于砌筑砂浆、内墙和顶棚抹灰、细石混凝土楼地面和混凝土垫层,使用面积达3万多平方米,节约资金3.5万余元。通过建筑垃圾的综合利用,施工企业不仅获得了可观的经济收益,同时还促进了施工现场的文明化、规范化和标准化管理,在施工现场只需配置1台或数台破碎机及相关筛分等设备,即可将建筑垃圾中的废渣就地处理、就地使用完,大大减轻了建筑垃圾外运负担和对环境的不利影响。

第二节　道面再生骨料

著名混凝土科学家、美国加州大学的P·梅泰教授指出,骨料在混凝土中所占的体积虽然可达60%~80%,但它与水泥不同,经常被看作是一种惰性填充料,因此其对混凝土性质可能产生的影响,似乎就不必多加注意。不过,骨料对混凝土的强度、体积稳定性以及耐久性产生相当的影响。除这些硬化混凝土的重要性质之外,骨料在决定混凝土拌和物的工作性和价格时,也同样起着重要的作用。所以,如果不像对待水泥那样来重视骨料显然是不适当的。骨料的特性对新拌混凝土的工作性、硬化混凝土的强度和耐久性等性能,都有很大的影响。对于再生骨料,由于基体混凝土强度较天然岩石低,生产过程中易产生微裂缝,其大部分颗粒表面附着旧水泥砂浆,少部分为与旧水泥砂浆完全脱离的原状天然骨料颗粒,还有一部分完全为旧水泥砂浆。再生骨料的这种组成与特性,决定了再生骨料变异性比天然骨料大,再生骨料的一些性能比天然骨料差,对再生混凝土的性能影响更大,有必要对其进行研究,提出相应标准,选择品质较高的再生骨料,为配制出高性能再生混凝土打下基础。

一、再生骨料的来源与生产

再生骨料一般来自建筑垃圾。建筑垃圾是在建筑物的建设、维修、拆除过程中产生的,或由于受到自然灾害破坏而产生,大多为固体垃圾。建筑垃圾成分按材料类型分,主要有混凝土、陶瓷、木材、玻璃、金属、瓦片、沥青、砖石、渣土等,各占比例如图6-1所示。可以看出,其中的混凝土、陶瓷、瓦片和砖石所占比例较大,特性与天然岩石相似,特别是废弃混凝土,经破碎、清洗、分级,成为再生骨料,可用于配制再生混凝土。

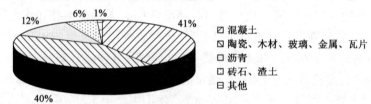

图6-1 建筑垃圾的分类及组成

但不是所有废弃混凝土都可以用来配制再生混凝土,由于废弃混凝土的来源不同,原生混凝土的组成、强度、使用环境、腐蚀碳化程度等也会有差异,对再生混凝土强度相关性能有不利影响。为了保证再生混凝土的性能,建议下列废混凝土不宜回收用作生产再生骨料:

(1)废混凝土来自于特殊使用要求的混凝土,如核电站、医院防辐射间等受到辐射的混凝土。

(2)废混凝土已受重金属或有机物污染。

(3)废混凝土存在碱—骨料反应。

(4)废混凝土中含有大量不易分离的木屑、污泥、沥青等。

关于再生骨料的生产方法,目前国内外大同小异,大都是将切割破碎设备、传输机械、筛分设备和清除杂质设备有机结合,完成破碎、去杂、分级等工序,只是不同的设计者和生产厂家在生产细节上有所不同。

生产再生骨料的主要设备是破碎机械,破碎机械选择生产天然骨料用的破碎机即可,目前用于天然骨料生产的破碎机械类型主要有颚式破碎机和锤式破碎机(反击式破碎机),颚式破碎机生产的碎石针片状颗粒含量高,需要在后续工艺上采用整形来获得合格的成品砂石骨料。锤式破碎机主要靠铰接的快速回转的锤头的冲击力来进行破碎,生产的碎石粒形好且呈棱角,针片状颗粒含量少,粒度连续且粉末少,常用于对骨料要求较高的路基路面。考虑到机场道面对混凝土性能要求较高,对骨料的品质要求也较高,选择锤式破碎机作为机场道面再生骨料生产的破碎设备比较合适。

参考国内外再生骨料生产方法,针对机场道面工程特点,提出机场道面混凝土再生骨料生产方法,如图 6-2 所示。在实验室,由于再生骨料需求量较小,采用人工破碎、分级、清洗。

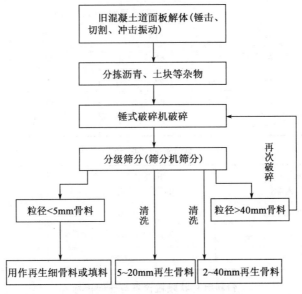

图 6-2 机场道面再生骨料的生产流程

二、再生骨料的技术性质与要求

混凝土骨料的粒径、形状、空隙率、表观密度和表面结构等特性,将对混凝土的表观密度、和易性、强度、耐久性等性质产生重要影响。

本节对两种再生粗骨料的性能进行分析研究,分别对颗粒成分及形状、粒径及级配、表观密度和堆积密度、吸水特性和强度进行研究分析,测试结果见表 6-1 ~ 表 6-5。表中 Z1 表示某机场旧跑道道面混凝土破碎再生骨料,Z2 表示实验室用废弃道面混凝土试件破碎再生骨料,T 表示天然骨料。

骨 料 颗 粒 成 分 表6-1

骨料种类	纯骨料(%)	混合料(%)	纯砂浆(%)
Z1	19.8	60.6	19.6
Z2	24.4	57.7	17.9
表观特征	旧混凝土的原骨料,砂浆完全分离脱落,有少量微裂缝,状态与天然骨料基本相同	旧混凝土骨料与砂浆的结合体,呈多棱角状,有微裂缝,表面粗糙	旧混凝土的砂浆料,呈多棱角状,有较多微裂缝,表面粗糙

骨料表观密度与堆积密度 表6-2

骨 料 种 类	表观密度(g/cm³)	与天然骨料比值(%)	堆积密度(kg/m³)	与天然骨料比值(%)
Z1	2.51	91	1394	82
Z2	2.54	92	1425	84
T	2.75	100	1690	100

骨 料 级 配 表6-3

骨 料 种 类	累计筛余(按质量计,%)			
	筛孔尺寸(圆孔筛,mm)			
	5	10	20	40
Z1	98.5	85.3	49.9	1.8
Z2	98.5	89.9	58.3	2.4
T	95.9	81.5	55.2	1.2
标准	95~100	75~90	30~65	0~5

骨 料 吸 水 率 表6-4

骨料种类	30min 吸水率(%)/相对24h吸水率(%)	1h 吸水率(%)/相对24h吸水率(%)	24h 吸水率(%)
Z1	2.2/88	2.3/92	2.5
Z2	1.8/82	2.0/91	2.2
T	0.28/93	0.3/97	0.31

骨料针片状颗粒含量与压碎指标 表6-5

骨料种类	Z1	Z2	T	标准规定
针片状颗粒含量(%)	2.3	4.9	5.4	
压碎指标(%)	11.5	10.1	3.4	≤12

从表6-1可以看出,再生骨料的结构特点是表面粗糙、多棱角、有微裂缝,因此其表观密度、堆积密度均小于天然骨料(表6-2),吸水率均大于天然骨料(表6-4),且压碎值较大(表6-5),对再生混凝土拌和物流动性、再生混凝土强度和干缩性均产生了一定程度的不利影响。但其粒形较好(基本为多棱角的正六方体),受力性能好,针片状颗粒少(表6-5),级配较好(表6-3)。多孔结构增强了混凝土拌和物的保水性和黏聚性,增大了再生粗骨料与水泥砂浆的啮合力,可以部分补偿因骨料自身强度低对硬化混凝土强度形成的不利影响。这是再生骨料能够被利用的理论基础。

在试验基础上,提出道面混凝土用再生粗骨料的性能指标要求建议,如表6-6所示。

再生粗骨料质量性能要求 表6-6

序号	项 目	天然骨料技术标准	再生骨料技术标准	备 注
1	颗粒成分	不作要求	不作要求	主要从其他性能指标上作要求
2	针片状颗粒含量(%)	≤15%(对强度等级≥C30的混凝土)或≤25%(对<C30的混凝土)	≤15%	道面混凝土强度均在C30以上
3	粒径及级配	合格	合格	要求同天然骨料
4	吸水率(%)	不作要求	≤15%	防止对混凝土工作性产生较大的不利影响
5	压碎指标(%)	≤12%	≤12%	

第三节　道面再生混凝土配合比设计

由于再生骨料表面粗糙、孔隙多、吸水率大,对再生混凝土物理力学性能、长期性能和耐久性能都有较大影响,配制不好,容易造成混凝土工作性差,施工困难,强度无保证,抗冻性能、抗渗性能、耐磨性能和长期性能差等不良后果,因此可掺加优质矿物掺合料和高效外加剂("双掺"技术),进行道面再生混凝土配合比设计,改善道面再生混凝土工作性与强度,突破再生骨料缺陷对混凝土工作性、强度和耐久等性能的不利影响,配制出满足机场道面工程要求的再生混凝土。在参考国内外研究成果的基础上,进行机场道面再生混凝土配合比设计,主要参考机场道面混凝土配合设计方法和掺加粉煤灰的道面混凝土配合比设计,基于再生骨料预吸水法、绝对密实体积法和独立设计法,进行道面再生混凝土的配合比设计。

一、普通道面混凝土配合比设计

基于绝对密实体积法的道面混凝土配合比设计参见本书第五章第三节。

二、掺加粉煤灰的道面混凝土配合比设计

掺粉煤灰的混凝土配合比设计,常用的方法(如等量取代法、超量取代法)虽然对粉煤灰混凝土的应用起到了指导作用,但都不能定量地反映粉煤灰在混凝土中对强度与工作性的作用,没有找出 Abrams 定则在粉煤灰混凝土中的合理作用形式。况且利用这些方法所推导出的粉煤灰掺量与试验所得出的结果存在着较大的差异。另外,此类方法比较复杂,不实用。马国靖、王硕太等对掺加粉煤灰道面混凝土进行了研究,通过大量试验和理论分析,得到掺优质粉煤灰的高强道面混凝土抗折强度公式,即:

$$f_{配}/f_{f}^{c} = 1.267 - 1.082W/C \tag{6-1}$$

式中:$f_{配}$——粉煤灰道面混凝土 28d 配制抗折强度(MPa);

f_{f}^{c}——施工所用水泥实测 28d 抗折强度(MPa);

W/C——掺粉煤灰道面混凝土水灰比。

研究人员提出掺加粉煤灰的道面混凝土配合比设计方法——独立设计法,能较好地解决以上问题,具体步骤如下:

(1)确定混凝土配制抗折强度 $f_{配}$

方法同普通道面混凝土配合比设计。

(2)计算水灰比 W/C

根据粉煤灰道面混凝土配制抗折强度 $f_{配}$ 和施工所用水泥实测 28d 抗折强度 f_{f}^{c},利用公式求出水灰比。

(3)确定最佳粉煤灰掺量 P

$$P = \frac{F}{F + C} \tag{6-2}$$

式中:P——粉煤灰掺量(%);

F——1m³ 混凝土粉煤灰用量(kg);

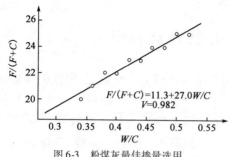

图6-3　粉煤灰最佳掺量选用

$$F/(F+C)=11.3+27.0W/C$$
$$V=0.982$$

C——$1m^3$ 混凝土水泥用量（kg）。

最佳粉煤灰掺量存在的原因：在混凝土中，水泥和粉煤灰共同作用，使混凝土的性能达到峰值，超过此峰值，过量的粉煤灰则会带来因细粒料过多而引起的副作用。

粉煤灰最佳掺量是水灰比的函数，其取值由试验得出，如图6-3所示。

根据已经确定的水灰比，选取一个最佳粉煤灰掺量。

（4）确定单位水泥用量 C、用水量 W、粉煤灰用量 F

依据道面混凝土的工作性要求及所需配制抗折强度，通过试验确定水泥用量。试验时可参照表6-7选择水泥用量（表6-7所列数值由试验得出）。选取某一水泥用量 C' 后，则由 $W = C' \times W/C$，求出用水量 W，再由 $F = [P/(1-P)] \times C$，求出粉煤灰用量 F。

水泥用量选用表　　　　　　　　　　　　　　　　　表6-7

混凝土配制抗折强度（MPa）	5.6～6.7	7.2～8.4	9.0～11.0
$1m^3$ 混凝土水泥用量（kg）	250～300	300～350	350～400

（5）确定骨料用量

采用绝对密实体积法，方法同普通道面混凝土配合比设计，求出砂、石用量。

（6）试拌调整

试拌调整方法同普通道面混凝土配合比试拌调整，对水泥用量、水灰比、矿物外掺料掺量、砂率和外加剂掺量进行优选，综合考虑工作性、强度、耐久性和造价等方面，使其性价比达到最优。

三、道面再生混凝土配合比设计方法

目前国内外关于再生混凝土配合比设计的方法主要有：

（1）再生骨料预吸水法。按照普通混凝土配合比设计方法设计再生混凝土配合比，在计算混凝土拌和用水量的基础上，增加再生骨料，其经一定时间（10～40min）的吸水量，即实际拌和再生混凝土时的用水量，由两部分组成，一部分是按照配合比设计计算的单位用水量，另一部分为考虑再生骨料的吸水率而额外增加的用水量。

（2）自由水灰比法。将再生混凝土的拌和用水量分为两部分，一部分为骨料所吸附的水分，这部分完全被骨料所吸收，在拌和物中不能起到润滑和提高流动性的作用，把它称为吸附水，吸附水为骨料吸水至饱和面干状态时的用水量；另一部分为拌和用水量，这部分水分布在水泥砂浆中，提高拌和物的流动性，并且在混凝土凝结硬化时，这部分自由水除有一部分蒸发外，其余的要参与水泥的水化反应，称为自由水。拌和混凝土时，预先把根据再生骨料种类及吸水率计算出的吸附水和再生骨料进行拌和，然后再生骨料才用于混凝土拌和。此法拌和的再生混凝土工作性与普通混凝土相同，坍落度经时损失很少。

本节在已有成果的基础上，针对机场道面特点，结合实际，基于再生骨料预吸水法、绝对密实体积法和独立设计法,进行道面再生混凝土的配合比设计。

首先进行普通道面混凝土基准配合比设计,根据设计要求和经济合理的原则选用原材料,通过试拌调整,对水泥用量、水灰比和砂率进行优选,进行配合比设计优化,确定普通道面混凝土基准配合比。

进行道面再生混凝土配合比设计时,考虑到施工方便,结合张亚梅等人的再生骨料预吸水法,在普通道面混凝土基准配合比的基础上,采用独立设计法进行配合比设计,通过试拌调整,对水泥用量、水灰比、粉煤灰掺量、砂率和外加剂掺量进行优选,确定道面再生混凝土配合比。道面再生混凝土配合比设计具体指标有:

(1)和易性。VB 稠度为 10～15s,由于再生骨料孔隙多,吸水率大,且大部分水分是在30min 内吸收的,新拌混凝土的和易性在 30min 左右的时间内有较大损失,针对此特点,考虑施工等因素,工作性要求比道面天然骨料混凝土的 VB 稠度 15～30s 的要求稍小一些。

(2)设计抗折强度及实验室配制强度。设计抗折强度等级为 5.0MPa,根据目前施工单位施工控制水平,混凝土抗折强度标准差取 0.4MPa,则实验室配制抗折强度为 5.66MPa。

最终确定的机场道面再生混凝土配合比如表 6-8 所示。后文依此分析机场道面再生混凝土各项性能。

道面再生混凝土配合比　　　　　　　　　　　　　表 6-8

编号	类型	水泥 (kg/m³)	水 (kg/m³)	粉煤灰 (kg/m³)	水胶比	砂率 (%)	减水剂掺量 (C+F) (%)	引气剂掺量 (C+F) (‰)	VB 稠度 (s)
1	Z1FD	300	154	100	0.385	36	0.6	—	13
2	Z1FA	300	154	100	0.385	36	0.8	—	12
3	Z1S	300	154	100	0.385	36	0.8	—	14
4	Z2S	300	144	100	0.36	40	1.5	—	13
5	Z2SY1	310	139.4	100	0.34	40	1.7	0.5	12
6	Z2SY2	320	134.4	100	0.32	40	1.9	0.5	13

注:表中类型编号 Z1、Z2 分别表示 XN 机场废弃跑道混凝土再生骨料和实验室废弃混凝土试件再生骨料,FD、FA、S、Y分别代表 FDN 减水剂、FAC 聚羧酸减水剂、SDJ 聚羧酸引气减水剂、引气剂。

第四节　道面再生混凝土技术性能

一、和易性

由于再生骨料含有一定量的旧砂浆,表面粗糙,棱角多,使再生骨料吸水率大,易导致再生混凝土施工性能变差。采用掺加粉煤灰和高效减水剂的双掺技术路线,可以改善道面再生混凝土的施工性质。

1.新拌道面再生混凝土的和易性

对所配新拌混凝土的 VB 稠度进行测定,结果如表 6-9 所示。

普通混凝土与道面再生混凝土的和易性　　表 6-9

编号	类型	水泥（kg/m³）	水（kg/m³）	粉煤灰（kg/m³）	水胶比	砂率（%）	减水剂掺量（C+F）（%）	引气剂掺量（C+F）（‰）	VB 稠度（s）
1	Z1FD	300	154	100	0.385	36	0.6	—	13
2	Z1FA	300	154	100	0.385	36	0.8	—	12
3	Z1S	300	154	100	0.385	36	0.8	—	14
4	Z2S	300	144	100	0.36	40	1.5	—	13
5	Z2SY1	310	139.4	100	0.34	40	1.7	0.5	12
6	Z2SY2	320	134.4	100	0.32	40	1.9	0.5	13
7	P	320	144	—	0.45	30	—	—	13

从表 6-9 可以看出，通过掺加优质粉煤灰和高效减水剂、引气减水剂，优化配合比设计，并预先添加了再生骨料吸附水，使新拌道面再生混凝土和易性均达到设计指标，与天然骨料混凝土基本相同，同时，由于再生骨料的吸水作用和粉煤灰的保水增黏作用，使道面再生混凝土的保水性和黏聚性都较好。

2. 新拌道面再生混凝土流动性的经时损失

混凝土的流动性经时损失必须在一定的范围内，才能保证在不利条件下有足够的施工时间。对于机场道面混凝土，和易性要求 VB 稠度为 15～30s，考虑有足够施工时间，经过 1h 后，再生混凝土 VB 稠度应不大于 30s。

为便于比较，对普通道面混凝土和道面再生混凝土的和易性，分别测定其初始 VB 稠度和不同时段的 VB 稠度值，测试结果如表 6-10 所示。

普通混凝土与道面再生混凝土的流动性经时损失　　表 6-10

类型	VB 稠度初始值(s)	15min VB 稠度(s)	30min VB 稠度(s)	1h VB 稠度(s)
P	13	14	17	21
Z1FD	13	14	16	20

从表 6-10 可以看出，道面再生混凝土的 15min、30min、1h 流动性损失分别为 8%、23%、54%，普通混凝土的 15min、30min、1h 流动性损失分别为 8%、31%、62%，道面再生混凝土和易性损失较普通混凝土稍小。虽然再生骨料含有一定量的砂浆，使再生骨料吸水率大，吸水速率快，但通过掺加优质粉煤灰和高效减水剂、引气减水剂，采用再生骨料预吸水法进行配合比设计，预先添加了再生骨料吸附水，使新拌道面再生混凝土和易性经时损失较小，能够满足施工要求。

二、含气量

工程实践与室内研究均表明：提高混凝土抗冻耐久性的一个十分重要而有效的措施是使混凝土拌和物有一定的含气量。掺加引气剂，使混凝土内部具有适当的含气量，改善了混凝土内部的孔结构，大大提高了混凝土的抗冻耐久性。掺加引气减水剂，在使混凝土具有一定含气量的同时，可减少单位用水量，提高混凝土抗冻耐久性效果更明显。国内外的大量研究成果与工程实践均表明,引气后混凝土的抗冻性可成倍提高。本节采用单掺引气减水剂,或复掺引气减水剂和引气剂,增加道面再生混凝土含气量,提高道面再生混凝土的抗冻耐久性能,并在此基础上提出有抗冻要求地区的道面再生混凝土的合适含气量范围。

对所确定配合比的新拌混凝土的含气量进行测定,试验结果如表6-11所示。

道面再生混凝土与普通道面混凝土含气量　　　　表6-11

编号	类型	水泥 （kg/m³）	水 （kg/m³）	粉煤灰 （kg/m³）	砂率 （%）	减水剂掺量 （C+F） （%）	引气剂掺量 （C+F） （‰）	含气量 （%）
1	Z1FD	300	154	100	36	0.6	—	2.3
2	Z1FA	300	154	100	36	0.8		2.7
3	Z1S	300	154	100	36	0.8		4.7
4	Z2S	300	144	100	40	1.5	—	4.3
5	Z2SY1	310	139.4	100	40	1.7	0.5	6.0
6	Z2SY2	320	134.4	100	40	1.9	0.5	5.6
7	P	320	144	—	30	—		1.0

由表6-11可以看出,道面再生混凝土含气量较天然骨料混凝土含气量高。原因在于再生骨料含有一定量的砂浆,其含气量比天然骨料大(实验室实测天然骨料含气量为0.3%,再生骨料含气量为1.0%)。因此建议对有抗冻要求地区的道面再生混凝土的含气量,比天然骨料混凝土的含气量提高约1%。我国《军用机场场道工程施工及验收规范》(GJB 1112A—2004)规定,有抗冻要求的地区道面混凝土必须掺加引气减水剂或引气剂,混凝土的含气量为4%~5%。道面再生混凝土含气量可为5%~6%。

三、强度

国内外许多学者对再生混凝土强度进行了大量的研究,表明影响再生混凝土强度的关键因素是再生骨料的强度、粒径分布和吸水率。再生混凝土的强度随龄期的发展与普通混凝土类似。与天然骨料混凝土相比,再生混凝土的抗压强度降低5%~30%。但是,也有研究表明再生混凝土的抗压强度较天然骨料混凝土高2%~20%,说明再生混凝土抗压强度可能高于天然骨料混凝土。目前房屋建筑再生混凝土强度可达C50左右,但有研究认为再生骨料不宜配制高强和超高强再生混凝土,建议再生混凝土的配制强度范围为≤C50,这是因为再生混凝土的破坏基本是界面破坏,而再生骨料存在的裂缝等导致界面薄弱,因此限制了再生混凝土向更高强度的发展。

对于抗折强度,有试验表明再生混凝土的抗折强度与天然骨料混凝土几乎相同。但也有试验表明,再生混凝土的抗折强度较天然骨料混凝土降低10%左右。有研究表明,所配制的路面再生混凝土抗折强度可达到4.5~5.5MPa,能够用于高速公路路面。

尽管高强度再生混凝土的配制在技术上是可行的,但鉴于再生混凝土的破坏基本是界面破坏,混凝土的界面强度明显低于水泥石基体强度,破坏时很快从界面开始破坏,因此《再生混凝土应用技术规程》(DG/TJ 08—2018—2007)中规定,再生混凝土的强度等级上限为RC40,其强度等级划分为6种,即RCl5、RC20、RC25、RC30、RC35和RC40,各再生混凝土强度等级的合理应用范围见表 6-12。

再生混凝土强度等级的合理范围 表 6-12

类 别 名 称	强 度 等 级	用 途
砌块用再生混凝土	RC15	主要用于围护结构或其他承重砌体
	RC20	
	RC25	
	RC30	
	RC35	
	RC40	
道路用再生混凝土	RC30	主要用于道路路面
	RC35	
	RC40	
结构用再生混凝土	RC15	主要用于承重构件
	RC20	
	RC25	
	RC30	
	RC35	
	RC40	

关于机场道面再生混凝土的强度、配合比和强度测试结果见表 6-13。

道面再生混凝土与普通道面混凝土强度 表 6-13

编号	类型	水泥（kg/m³）	水（kg/m³）	粉煤灰（kg/m³）	水胶比	减水剂掺量($C+F$)（%）	引气剂掺量($C+F$)（‰）	含气量（%）	抗折强度（MPa）	抗压强度（MPa）
1	Z1FD	300	154	100	0.385	0.6	—	2.3	6.21	58.9
2	Z1FA	300	154	100	0.385	0.8	—	2.7	6.15	57.3
3	Z1S	300	154	100	0.385	0.8	—	4.7	6.57	55.7
4	Z2S	300	144	100	0.36	1.5	—	4.3	5.44	52.2
5	Z2SY1	310	139.4	100	0.34	1.7	0.5	6.0	5.46	51.3
6	Z2SY2	320	134.4	100	0.32	1.9	0.5	5.6	6.03	56.3
7	P	320	144	—	0.45	—	—	1.0	5.92	55.2

1. 抗折强度

由表 6-13 可以看出，道面再生混凝土的抗折强度满足设计指标，高于普通道面混凝土，Z1FD、Z1FA、Z1S 的抗折强度分别提高 5%、4%、11%。道面再生混凝土抗折强度随着水胶比的减小而增大，与天然骨料混凝土抗折强度变化规律一致。但水胶比为 0.34 的 Z2SY1 和水胶比为 0.36 的 Z2S 的抗折强度基本相同，原因在于 Z2SY1 的含气量为 6%，而 Z2S 的含气量为 4.3%，气泡多，减小了混凝土有效受力面积，抵消了降低水胶比对强度的提高作用，因而

104

Z2SY1 和 Z2S 的抗折强度差别不大。

2. 抗压强度

由表 6-13 可以看出,道面再生混凝土抗压强度高于普通道面混凝土,Z1FD、Z1FA、Z1S 抗压强度分别提高 7%、4%、1%。道面再生混凝土抗压强度也随着水胶比的减小而增大,与天然骨料混凝土抗压强度变化规律一致。

上述结果表明,通过掺加优质粉煤灰和外加剂,可以改善道面再生混凝土的工作性和过渡区结构,克服再生骨料的一些原生缺陷对混凝土的不利影响,提高道面再生混凝土的性能,配制出满足机场道面强度指标要求的道面再生混凝土。

四、抗渗性能

已有研究结果表明,再生混凝土静水压力抗渗性能与天然骨料混凝土一样,水灰比也是对其渗透性影响很大的参数;再生混凝土的抗渗等级高于一般工程设计要求的 S8,可以满足规范在一般环境条件下混凝土结构的抗渗要求;再生混凝土抗氯离子渗透能力稍低于天然骨料混凝土,主要原因是再生骨料有裂缝,孔隙率较高。

机场道面混凝土大面积铺筑在露天环境中,主要承受水、除冰盐中的 Cl^- 等的渗透,通常采用静水压力法与氯离子渗透法相结合的方法,研究分析其抗渗性能。机场道面再生混凝土的抗渗性能,依据相关规范进行试验研究,静水压力抗渗试验结果如表 6-14 所示。

道面再生混凝土静水压力抗渗试验结果

表 6-14

编号	类型	水泥（kg/m³）	水（kg/m³）	粉煤灰（kg/m³）	减水剂掺量（C + F）（%）	压力值（MPa）	渗水高度（mm）	抗渗等级
1	Z1FD	300	154	100	0.6	4.1	37	> P40
2	Z1FA	300	154	100	0.8	4.1	58	> P40
3	Z1S	300	154	100	0.8	4.1	27	> P40
4	P	320	144	—	—	1.1	已渗水	P10

从表 6-14 可以看出,道面再生混凝土抗渗性能比普通道面混凝土高很多。普通道面混凝土在压力值为 1.1MPa 时试件表面已经渗水,而道面再生混凝土在压力值为 4.1MPa 时试件表面均无渗水,劈开试件测其渗水高度,分别为 37mm、58mm、27mm。这是由于掺加优质粉煤灰和外加剂,降低了再生混凝土水胶比,改善了混凝土的工作性和过渡区结构,提高了道面再生混凝土的密实性,因而道面再生混凝土的抗渗性能较普通混凝土大大提高。另外,引气减水剂的加入,在混凝土中引入微小匀质气泡,截断了液体侵入混凝土的路径,提高了道面再生混凝土的抗渗性能。

Cl^- 渗透试验结果如表 6-15 所示,通过电量评价混凝土的 Cl^- 渗透性标准如表 6-16 所示。

道面混凝土 Cl⁻ 渗透试验结果

表 6-15

混凝土类型	通过电量（C）	混凝土 Cl⁻ 渗透性	混凝土类型	通过电量（C）	混凝土 Cl⁻ 渗透性
P	2735	中	Z1FA	1842	低
Z1FD	1823	低	Z1S	1766	低

通过电量评价混凝土的 Cl⁻ 渗透性标准　　　　　表 6-16

通过电量(C)	混凝土 Cl⁻ 渗透性	通过电量(C)	混凝土 Cl⁻ 渗透性
>4000	高	100 ~ 1000	极低
2000 ~ 4000	中	<100	可忽略
1000 ~ 2000	低		

从表 6-15 可以看出,与静水压力试验结果一致,道面再生混凝土抗渗性能比普通道面混凝土好得多。普通道面混凝土的 Cl⁻ 渗透性为"中",道面再生混凝土的 Cl⁻ 渗透性均为"低",6h 通过电量分别为普通道面混凝土的 67%、67%、65%,表明其抗渗性能较普通混凝土有较大提升,可以有效阻止水和其他侵蚀性介质对混凝土的破坏作用,提高道面再生混凝土的耐久性能。

五、抗冻性能

关于再生混凝土抗冻性能的研究,国内外研究结论差异较大,普通混凝土抗冻等级通常为 F50 ~ F100,而国内有用普通混凝土生产再生骨料,不掺加外加剂配制的再生混凝土抗冻等级就能达到 F300 的报道,结果值得商榷。国外有人研究了不同水灰比的再生混凝土的抗冻性,表明再生混凝土的抗冻性能不低于甚至优于天然骨料混凝土,但也有研究发现再生混凝土抗冻性较天然骨料混凝土差。

再生混凝土抗冻性的差异,除了水灰比、再生骨料水饱和度、掺加粉煤灰等矿物外掺料等因素外,再生骨料基体混凝土的不同特性,尤其是基体混凝土的含气量,可能对再生混凝土抗冻性能也有较大影响。

根据相关标准采用快冻法进行机场道面再生混凝土抗冻性试验,试验结果如表 6-17 所示。

道面再生混凝土抗冻试验结果　　　　　表 6-17

类型	质量初值 (kg)	动弹初值 (GPa)	次数	质量损失 (%)	相对动弹 (%)	次数	质量损失 (%)	相对动弹 (%)	抗冻等级
P	10.25	53.23	75	0.7	66.0	100	1.1	52.1	F75
Z1FD	9.49	39.63	100	0	67.2	125	0	52.8	F100
Z1FA	9.36	38.72	100	0	60.0	125	0	38.5	F100
Z1S	9.26	36.66	150	0	66.4	175	0	54.0	F150
Z2SY2	9.45	42.66	250	0.4	68.1	275	0.7	54.2	F250

从表 6-17 可以看出,道面再生混凝土抗冻性能比普通道面混凝土提高很多。普通道面混凝土抗冻等级为 F75,道面再生混凝土 Z1FD、Z1FA、Z1S、Z2SY2 抗冻等级分别为 F100、F100、F150、F250,较普通道面混凝土抗冻等级提高 33% ~ 233%。特别是掺加引气剂的道面再生混凝土的抗冻性能提高更明显,其抗冻等级达到 F250,可以满足严寒地区道面混凝土抗冻要求。再生混凝土能够提高抗冻性的机理是掺加优质粉煤灰和外加剂,降低再生混凝土水胶比,改善道面再生混凝土的过渡区,引气减水剂和引气剂在道面再生混凝土中引入了稳定微小匀质的独立气泡,为混凝土中毛细孔中饱和水运动的渗透压力和冰冻时产生的膨胀压力提供了溢出边界,因而提高了道面再生混凝土的抗冻性能。

六、耐磨性能

关于再生混凝土的耐磨性能,有人对水灰比相同而再生骨料取代率不同的混凝土的耐磨性进行了研究,结果表明,再生骨料取代率低于50%时,再生混凝土的磨耗深度与普通混凝土差别不大;再生骨料取代率高于50%时,再生混凝土的磨耗深度随着再生骨料取代率的增加而增加,当再生骨料取代率为100%时,再生混凝土的磨耗深度较普通混凝土增加34%。

对于机场道面混凝土,飞机起飞和着陆时高速滑跑,机轮对混凝土表面产生很大的磨损破坏作用,造成混凝土表面物质的逐渐损失,降低了混凝土的强度、抗渗性能等,从而引起其他形式的破坏,因此,道面混凝土的耐磨性能十分重要。根据相关标准,采用滚珠轴承式耐磨试验机进行机场道面再生混凝土耐磨性能试验,其结果如表6-18所示。

道面混凝土耐磨性能试验结果　　　　　　　　　表6-18

混凝土类型	磨槽深度(mm)	耐磨度(%)	耐磨度提高率(%)
P	1.51	1.48	—
Z1FD	1.11	2.01	136
Z1FA	1.21	1.85	125
Z1S	1.28	1.75	118

从表6-18可以看出,道面再生混凝土耐磨性能比普通道面混凝土好。道面再生混凝土耐磨度较普通混凝土提高了18%～36%。其原因在于掺加优质粉煤灰和外加剂,改善了道面再生混凝土的工作性,降低了道面再生混凝土的水胶比,混凝土成型更密实,表面更致密,且由于粉煤灰颗粒微骨料的填充效应提高了水泥浆体的密实度和强度,从而提高了道面再生混凝土的耐磨性能。

七、干缩特性

机场道面混凝土大面积铺筑,道面板表面积较大(道面一般按4m×5m左右分仓),蒸发量大,混凝土收缩可能引起道面板表面产生收缩裂缝,降低道面混凝土的力学性能和抗渗性能,导致道面板断裂和冻融破坏,因此道面混凝土的收缩特别是干缩不能太大。对于再生混凝土,已有研究表明,再生骨料中含有旧水泥砂浆,因为旧砂浆吸水率大,导致再生混凝土干缩值较普通混凝土大50%左右,再生混凝土收缩特点与天然骨料混凝土相似,水灰比越大,收缩越大。根据相关标准进行机场道面再生混凝土干缩特性试验,测定标准规定各龄期干缩值,结果如表6-19所示。

道面混凝土干缩试验结果　　　　　　　　　表6-19

编　号	各龄期收缩值($\times 10^{-6}$)										
	1d	3d	7d	14d	28d	45d	60d	90d	120d	150d	180d
P	30	49	87	117	209	243	269	279	301	313	343
Z1S	26	46	75	109	159	203	233	252	277	300	324
收缩值降低(%)	15	7	9	7	11	20	15	11	9	4	6

从表6-19可以看出,道面再生混凝土各龄期干缩值均比普通道面混凝土小,降低了4%～

20%。主要原因是掺加优质粉煤灰,降低了水泥水化热,减少了水泥早期收缩,粉煤灰颗粒较水泥颗粒细,其火山灰效应和微骨料效应提高了道面再生混凝土的密实度,且由于掺减水剂降低了水胶比,减少了孔隙率,因而道面再生混凝土各龄期收缩值均较普通混凝土减少,预期道面再生混凝土抗裂能力大大提高,对提高道面抗冻、抗渗等耐久性能十分有利。

第五节 道面再生混凝土现场应用与施工

一、现场应用情况

1. 广东某机场应用情况

在空军广东某机场备用跑道道面施工中,把拆除的部分机场旧道面混凝土就地破碎、筛分、清洗,生产再生骨料,即前文所述再生骨料 Z1。在实验室配合比的基础上,结合现场材料指标,经过现场试拌调整,最终确定的施工配合比如表 6-20 所示,现场测试 VB = 10s。

广东某机场施工道面再生混凝土配合比   表 6-20

1m³ 混凝土材料用量（kg）	水泥	水	砂子	粗骨料	粉煤灰	外加剂	砂率(%)
	300	154	647	1107	100	2	33

利用表 6-20 配合比配制再生混凝土,铺筑机场备用跑道桩号 0 + 076 ~ 0 + 640 段,共10000m²,施工现场所配制的再生混凝土和易性好,易于铺筑。图 6-4 为现场施工情况。

根据相关设计与施工验收规范要求,施工过程中和竣工时对广东某机场道面再生混凝土现场试验段进行了检验,结果如下:

（1）原材料(水泥、再生骨料、粉煤灰、外加剂等)检测项目 9 个,全部符合要求。

（2）道面再生混凝土强度试验现场共取样 20 组,其中 28d 抗折强度平均值为 5.86MPa,最大值 6.91MPa,最小值 5.57MPa;28d 抗压强度平均值为 40.8MPa,最大值 42.9MPa,最小值38.2MPa,全部符合规范及设计要求。

（3）试验段质量检验评定全部优良。共检测保证项目 10 项,全部符合规范及设计要求;允许偏差检测了平整度、粗糙度、高程、邻板高差等 11 个项目,实测 714 点,其中合格 700 点,合格率 98%,符合规范及设计要求。

2. 广东另一机场应用情况

在空军广东另一机场翻修工程中,也利用拆除的机场旧道面混凝土生产再生骨料,在实验室配合比的基础上,结合现场材料指标,经过现场试拌调整,最终确定的施工配合比如表 6-21所示,VB = 10s。

广东另一机场施工道面再生混凝土配合比   表 6-21

1m³ 混凝土材料用量（kg）	水泥	水	砂子	粗骨料	粉煤灰	外加剂	砂率(%)
	310	159	656.5	1097	100	2	36

利用表 6-21 配合比配制再生混凝土 1700m³,用于拖机道道面的施工,共铺筑道面6500m²。施工现场所配制的再生混凝土和易性好,易于铺筑。

同样根据相关设计与施工验收规范要求,施工过程中和竣工时对广东另一机场道面再生

a) 旧道面解体

b) 生产再生骨料

c) 混合料摊铺

d) 混合料振捣

e) 做面

f) 切缝

g) 养护

h) 成品

图6-4　空军广东某机场现场施工情况

混凝土现场试验段进行了检验,结果如下:

(1)原材料(水泥、再生骨料、粉煤灰、外加剂等)检测项目9个,全部符合要求。

(2)道面再生混凝土强度试验现场共取样12组,其中28d抗折强度平均值为5.96MPa,最大值6.87MPa,最小值5.49MPa;28d抗压强度平均值为45.8MPa,最大值48.9MPa,最小值43.2MPa,全部符合规范及设计要求。

(3)试验段质量检验评定全部优良。共检测保证项目10项,全部符合规范及设计要求;允许偏差检测了平整度、粗糙度、高程、邻板高差等11个项目,实测420点,其中合格407点,合格率97%,符合规范及设计要求。

从后期道面使用情况看,以上两个机场的再生混凝土道面已投入使用5年,通过回访调查,没有出现表面剥落、掉边掉角、龟裂断板等破坏现象,道面状况良好。

二、施工技术

机场混凝土道面结构是暴露在大气环境下承受机轮荷载作用的薄层板块,道面混凝土除了必须满足强度、长期性能和耐久性能等的要求外,还应满足飞行安全对道面表面的特殊要求,表现为接触机轮的道面表面必须是平而不滑。现行质量检查评定标准对道面表面的平整度、邻板差、粗糙度等作了规定,并提出了相应的检测方法,道面再生混凝土施工时亦必须满足这一规定。道面混凝土的施工环境是露天作业,操作过程对环境(特别是气温、风)的敏感性远高于其他结构混凝土。机场道面再生混凝土工作性及其经时损失的研究表明,再生骨料孔隙多、吸水率大,且大部分水分是在半小时内吸收的,新拌再生混凝土的工作性在1h内有较大损失,这不同于天然骨料混凝土,因此道面再生混凝土对环境更加敏感,针对此特点,必须通过现场应用研究,总结与其特点相适应的施工技术及要求。

再生混凝土道面施工与天然骨料混凝土道面施工,除了再生混凝土道面施工多了用旧道面生产再生骨料的工序,再生骨料的生产在前文已经介绍,这里不再重复,其他工序基本相同,如图6-5所示。

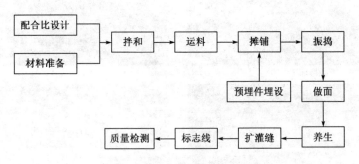

图6-5 道面再生混凝土施工程序

但由于再生骨料不同于天然骨料,具有表面粗糙、棱角多、孔隙多、吸水率大等特点,具体工艺流程和技术要求不完全同于天然骨料混凝土,主要针对不同的方面,道面再生混凝土施工工艺流程与注意事项简述如下。

1.配合比设计

参照前文方法进行。配合比的调整不仅应考虑施工性能,还应考虑气候因素的影响。当温度高、风大或混凝土板厚度小于 20cm 时,宜选用流动性较大的配合比;反之应选用流动性较小的配合比。

2.材料准备

除了再生骨料,其他材料也应根据施工进度计划准备好,并对各项指标进行检验,满足标准要求方可使用。

3.混凝土的拌制

为了保证混凝土配合比的准确性,应准确称量各种材料,各种材料误差应符合表 6-22 规定。道面再生混凝土搅拌时间不能超过规定时间的 2 倍,这与天然骨料道面混凝土的要求是不同的,主要原因是再生骨料有砂浆等软弱成分,生产过程中易产生裂缝,过长的搅拌时间会对再生骨料形成损伤,改变再生骨料粒径与级配,导致混凝土离析,对道面再生混凝土性能产生不利影响。

投料的允许偏差   表 6-22

混凝土材料	允许偏差(%)	混凝土材料	允许偏差(%)
水泥、粉煤灰	±1	砂、石料	±3
水	±1	外加剂溶液	±1

4.混合料运输

应合理调配车辆,使拌和、运输和铺筑紧密衔接,使搅拌站不积料。运输宜采用自卸汽车,如果运距大于 3km 时,宜采用混凝土搅拌罐车运输,运输过程中应采取保证措施,避免混合料漏浆、离析。运至施工地点进行浇筑时卸料高度不得超过 1.5m,超过时,应加设溜槽,以防混凝土离析,如有明显离析现象,应在摊铺前重新拌匀。运输车工作一段时间或车厢出现"黏浆"现象时,应及时用压力水冲洗干净。若遇大风、高温天气,运输时应采取覆盖措施,防止新拌道面再生混凝土水分损失过大。

5.摊铺与振捣

摊铺之前应复验模板高程,检验位置是否准确、牢固,堵塞漏洞,防止漏浆。摊铺后筑板的最早时间(按两侧先筑板最后完成的时间起算)应符合表 6-23 的规定,由于再生骨料生产过程中有软弱颗粒和裂缝,会对强度发展有不利影响,摊铺后筑板的最早时间比天然骨料道面混凝土相关规定稍长。

摊铺后筑板的最早时间   表 6-23

昼间平均气温(℃)	摊铺后筑板的最早时间(d)	昼间平均气温(℃)	摊铺后筑板的最早时间(d)
5~10	7	20~25	4
10~15	6	>25	3
15~20	5		

混凝土拌和物从搅拌机出料至摊铺的允许最长时间,应由工地试验室根据混凝土凝结时间、混凝土坍落度损失及施工时的气温与风力确定,不应超过表 6-24 的规定。由于再生骨料吸水率大,道面再生混凝土工作性经时损失稍大,所以,道面再生混凝土拌和物从搅拌机出料至现场铺筑允许的时间比天然骨料道面混凝土相关规定稍短。

混凝土从搅拌机出料至现场铺筑允许最长时间　　　　　　　　表 6-24

施工气温(℃)	允许最长时间(min)	施工气温(℃)	允许最长时间(min)
5～10	90	20～30	45
10～20	60	30～35	30

现场铺筑时采用人工与机械相互配合摊铺,控制好虚铺厚度,摊铺后用多棒式混凝土振捣机振捣,在边角部位用插入式振捣器加强振捣,时间以骨料停止下沉、表面不再冒气泡并泛出均匀水泥浆为准,且不宜过振。振动后用行夯、滚筒或三辊整平机提浆整平,辅以人工挖凸填凹找平。

6.做面与抗滑处理

由于再生骨料表面粗糙、棱角多、孔隙多、吸水率大,道面再生混凝土工作性损失快,表面较粗糙,道面抹面时机与遍数与普通道面混凝土有差异,施工中应抓紧时间尽早抹面,并适当增加抹面次数。抹面后在终凝前尽早进行拉毛、拉槽等施工,施工中注意掌握拉毛的时机,根据再生混凝土工作性经时损失大的特点,拉毛的时间比普通道面混凝土提前 1～2h;同时拉毛应选用较普通道面混凝土拉毛毛刷软一些的毛刷,其力度亦适当放轻,因为粉煤灰掺入以后,混凝土和易性好,易出浆,表面浆层均匀柔和,便于拉毛。

7.养护

由于再生骨料含有旧砂浆,道面再生混凝土各龄期干缩均比普通道面混凝土降低不大,在施工中应尽早潮湿养护,避免产生收缩裂缝,由于掺加了粉煤灰,潮湿养护时间不得少于 14d,宜为 28d。

其他工序如切缝、扩灌缝、标志线施工与天然骨料混凝土道面施工相同,高温、低温、风天、雨天施工应满足规范相关要求。

第七章　道面无机聚合物混凝土

第一节　概　　述

一、无机聚合物材料定义与特性

以高炉矿粉、粉煤灰或煅烧黏土等为基础材料,通过碱性激发剂的作用而合成的无机胶凝材料称为碱激发胶凝材料,亦称为无机聚合物胶凝材料。根据原材料中钙含量的不同,无机聚合物微观结构可分为两大类:当原料中不含钙,或含钙量较少时,称为地质聚合物(geopoly-mer),其微观结构以三维网状的类沸石结构为主;而当原料中含钙量较高时,称为地质水泥(geocement),其微观结构以低钙的 C-S-H 微纤维结构为主。快凝早强无机聚合物胶凝材料为类沸石结构。

无机聚合物材料固化反应与硅酸盐水泥的水化反应不同,其微观结构也有一定的差异。因此,该材料体系具有一系列独特的性能。近年的研究结果表明,无机聚合物材料具有硬化速度快、早期强度高、耐腐蚀、耐高温等特性,如图7-1所示。更为引人关注的是,该材料体系还具有低能耗的特性,符合国家发展节能减排技术,倡导使用绿色建筑材料的要求。

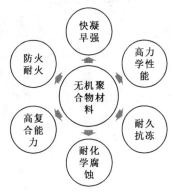

图 7-1　无机聚合物胶凝材料的优异性能

二、国外研究与应用现状

无机聚合物胶凝材料的合成与制备起源于苏联科学家 Glukhovsky 20 世纪 50 年代的开创性研究,20 世纪七八十年代,法国科学家 Davidovits 对这类材料的结构、制备工艺和材料性能(如力学性能、热性能、抗化学腐蚀性能等)进行了系统的研究,对这类材料的推广做出了重要贡献。随着无机聚合物的性能及用途逐渐被人了解,这类材料的研究受到多个发达国家研究者的重视,以此为专题的国际会议已经举行了多届。其中澳大利亚墨尔本大学 Deventer 研究组对无机聚合物的合成机理及作为有害元素固化处理的材料进行了深入研究;西班牙的 Palomo 研究组对以粉煤灰为主要原料合成无机聚合物进行了系统研究,表明以此合成的无机聚合物成本与水泥相当,而性能在很多方面优于水泥。

目前,大量应用于快速修建道路的材料是以水泥混凝土为主。由于道路的快速修复和建设在经济发展中越来越重要,美国联邦高速公路局特别提出了"早通行"混凝土的概念(EOT Concrete, early opening to traffic),要求 EOT 混凝土在抢修后 6～24h 内可以开放通行。典型的开放标准是抗折强度达到2.1MPa,抗压强度为13.8MPa,但美国各州标准并不相同。在日本也有类似的抢修要求和指标。然而,近年来快速修复用水泥混凝土的耐久性问题受到了美国高速公路管理局的高度重视并进行了全面评估。因为所用水泥混凝土耐久性差必将导致在短期内需要进行再次封闭道路进行修复工程,造成经济和通行时间上的严重浪费。根据美国联邦高速公路局的实验研究报告,6~8h开放和20~24h开放的两类EOT混凝土的耐久性能有明显区别。在表面开裂和碱骨料反应方面,6~8h开放混凝土明显比20~24h开放EOT混凝土严重;在抗冻融方面,由于EOT混凝土引气不足,将导致抗冻融性存在问题。评估专家在报告中指出,由于6~8h开放的EOT混凝土存在耐久性隐患,并且成本造价很高,因而建议仅在非常需要时才可使用。

　　相比较而言,使用无机聚合物胶凝材料作为快速修复材料具有显著的优势。无机聚合物胶凝材料放热小,耐久性和抗冻融性好,抗腐蚀性能优异。在常温条件下,无机聚合物胶凝材料的固化速度远高于普通水泥(图7-2);提高固化温度后,无机聚合物胶凝材料在1~2h内抗压强度达到30~50MPa(图7-3)。

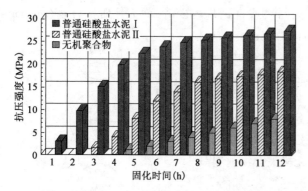

图7-2　常温条件下无机聚合物与水泥固化速度比较

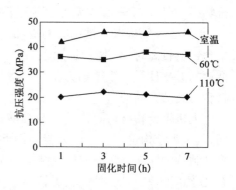

图7-3　固化速度与温度的关系

　　无机聚合物材料已用于美国洛杉矶机场和法国一些机场道面的修补,结果证明:1h后人可以在上面行走,4h后汽车可以行驶,6h后飞机可以起降,如图7-4所示。在1991年海湾战争中,美国正是使用这种材料在沙特阿拉伯快速地修建了军用机场。美国军方的报告称,无机聚合物胶凝材料是至今为止发现的最好的快凝材料。同时,早强无机聚合物材料具有优异的耐久性,美军采用这种材料建设的机场跑道,20年后仍能正常起降B52重型轰炸机。

施工中……　　1h后人可以通行　　2h后车可以通行　　6h后飞机可以起降

图7-4　美国洛杉矶机场采用无机聚合物胶凝材料快速修补的效果示意图

合物混凝土作为一种高强和具有优良耐久性建筑材料,完全满足建设长寿命基础设施的需要。俄罗斯于 1984 年进行了数公里无机聚合物混凝土重载路的铺设。在使用 15 年后,科学家对道路状况进行了调研,结果显示,国外研究与应用实例表明,无机聚虽然俄罗斯地处寒冷地区,但道面无可观察到的开裂和冻融损坏,钢筋无锈蚀或其他缺陷,而混凝土抗压强度已随时间增加至 86MPa。对于无机聚合物混凝土和普通水泥混凝土建设道路的耐久性能对比,乌克兰研究人员进行了为期 15 年的研究。结果表明,相比硅酸盐水泥混凝土,无机聚合物混凝土显示出优异的耐久性,图 7-5 为无机聚合物和波特兰水泥建造的路面比较效果(1984 年建于乌克兰泰尔诺皮尔市)。

图 7-5　无机聚合物和普通水泥建造的路面比较

无机聚合物具有优异的抗渗性,因为与普通硅酸盐水泥混凝土相比,无机聚合物胶凝材料的最终结构更加均匀和致密(图 7-6)。特别是无机聚合物胶凝材料的致密度和抗渗性随着使用时间延长而成倍增加(图 7-7),这是普通水泥混凝土所无法比拟的。

a)水泥胶凝材料显微结构

b)无机聚合物胶凝材料显微结构

图 7-6　无机聚合物与水泥结构比较

由于无机聚合物混凝土含水少,致密度高,苏联建于 1966 年的地下水管道和建于 1962—1964 年间的水渠,至今性能优良,仍在使用。

然而,以往国外对于无机聚合物胶凝材料的合成机理研究多集中在试验方面,对试验结果的讨论偏重于运用熟知的化学原理进行定性的解释,缺乏精确而丰富的化学内涵与化学洞见;对于无机聚合物胶凝材料的快凝早强机理也缺乏系统研究和理论解释。另一方面,在抢修抢建无机聚合物混凝土的应用方面,除派拉蒙特(Pyrament)复合水泥外,目前未见其他类似产品成规模的工程应用。美国肯塔基州大学和弗吉尼亚州交通局对派拉蒙特复合水泥的工程应用情况进行了验证试验。结果表明:在环境温度为 25℃时,4h 抗压强度为 22MPa,27h 抗压强度为 36MPa。由于过快凝结,表面凹凸不平,质量不高,并观察到几处较大开裂和较多表面微裂纹,随着时间的延长,半年后观察裂纹明显扩展;同时在环境温度较低时,派拉蒙特复合水泥混凝土的早期强度发展明显变慢。派拉蒙特复合水泥中含有 65% 的波特兰水泥,显然不利于长期储存。弗吉尼亚州交通局的验证试验报告中也提出大量的波特兰水泥存在,有发生碱骨料反应的风险。因此,对于快凝早强无机聚合物胶凝材料及混凝土无论在科学还是应用层面均需进一步研究与改进。

三、国内研究与应用现状

我国对于无机聚合物胶凝材料的研究起步较晚,在理论研究与实际应用方面与国外有较大的差距。南京化工大学、东南大学、重庆大学、北京科技大学、中国矿业大学、清华大学、哈尔滨工业大学、武汉理工大学等单位先后开展了相关材料性能和技术研究,中国航空港第九工程总队、空军工程大学、马鞍山矿山研究院、苏州混凝土水泥制品研究院等单位在应用技术方面进行了大量应用尝试。南京化工大学、东南大学、哈尔滨工业大学深圳研究院、重庆大学等对该材料体系的反应机理与材料性能进行了相关的研究,其中杨南如教授、蒲新诚教授等是较早开展该领域研究的学者,翁履谦教授在该体系反应机理研究方面做了大量深入的研究。在应用技术研究方面,中国矿业大学、苏州混凝土水泥制品研究院和清华大学等单位在预制构件方面进行了探索,开发了地面砖、耐腐蚀管道和内燃机排气管的外包隔热套等产品。在无机聚合物混凝土配制技术和施工技术研究方面,中国航空港第九工程总队、空军工程大学和深圳航天科技创新研究院等单位进行了大量的工程试验工作,攻克了快凝材料体系大面积施工技术的难题,并在典型工程领域进行了应用。

随着研究人员对该材料体系认识的不断深入,各领域工程应用技术不断完善,该材料体系日渐引起研究单位与应用单位的广泛关注。总体而言,我国目前仍处于该材料体系的实验研究和应用技术研究阶段,尚未达到广泛应用。

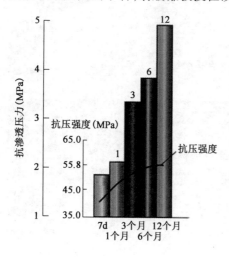

图 7-7　无机聚合物混凝土抗渗性与龄期的关系

四、发展趋势

综上所述,无机聚合物特色鲜明,是现有胶凝材料体系有益的补充,尤其适用于某些有特殊要求的工程领域,具有较好的发展前景。

目前,我国已成为建材工业第一大生产消费国。2013 年水泥产量 24.1 亿 t,占世界 1/3 左右。但我国建材工业技术落后,资源和能源消耗高,环境污染严重。建材工业消耗能源约占全国工业的 1/7,仅水泥工业就排放约 24.1 亿 t CO_2,由传统建材向环境协调型建材转变,已迫在眉睫。

无机聚合物混凝土是一种绿色高性能材料,其利用高炉矿渣和粉煤灰制备,实现了固体废弃物资源化,且生产过程无高温烧结,无温室气体排放,与水泥两磨一烧制备工艺相比,节约能源 75% 左右,减少各类大气污染物排放 95% 以上,研究推广该材料也是国家可持续发展战略的需要。

第二节 无机聚合物胶凝材料及合成机理

一、无机聚合物胶凝材料

无机聚合物胶凝材料的主要原料为碱组分和矿粉、粉煤灰和偏高岭土活性材料等。实践表明,原料性能对无机聚合物胶凝材料及混凝土性能有重要影响。

1. 碱组分

凡是在水中能产生碱性反应的碱金属化合物均能作为无机聚合物胶凝材料的碱性组分使用。按照其物质成分和与矿粉反应的特征,可分为下列四类:

(1)苛性碱,即碱金属的氢氧化物,如氢氧化钠、氢氧化钾。

(2)弱酸的非硅酸盐,如碳酸钠、碳酸钾、亚硫酸钠、亚硫酸钾、硫化钠、硫化钾、氟化钠、氟化钾。

(3)碱金属的硅酸盐,如模数为 0.5 ~ 2.5 的硅酸钠、硅酸钾等。

(4)碱金属的铝酸盐,如铝酸钠、铝酸钾。

2. 矿粉

粒化高炉矿粉是炼铁时产生的废渣,经水淬急冷后研磨而成。矿粉是一个复杂多元体系,具有特殊的铝硅酸盐结构,不同的钢铁厂或同一厂家不同时期,所排出的矿粉其组成、结构都有很大的波动,对形成的无机聚合物胶凝材料性能有重要影响。

矿粉的水化活性与矿粉中玻璃体的含量和矿粉内部玻璃体的微观结构有关。杨南如等采用三甲基硅烷气相色谱方法测定出矿粉中存在 8 种 $[SiO_4]^{4-}$ 四面体聚合态结构,对矿粉玻璃体的组成和结构有了深入的认识,矿粉的水化是 8 种 $[SiO_4]^{4-}$ 四面体之间解聚和缩聚的过程。

袁润章等将矿粉的结构分成三个层次:第一层次是将矿粉视为一个整体,表征其结构特征的参数为玻璃相与结晶相含量的比值(即玻晶比),玻璃相含量越高,矿粉的活性越高;第二层次是将矿粉中的玻璃相作为考察对象,与这一层次有关的结构参数用平均离子键程度来表征;矿粉结构的第三层次是把矿粉玻璃相中的网络形成体作为对象来考察,网络形成体的聚合度可以用平均桥氧数来表示:

$$Y = 2Z - 2R \tag{7-1}$$

式中:Y——硅氧多面体的平均桥氧数;

Z——包围一个网络形成体正离子的氧离子数目;

R——玻璃相中全部氧离子与全部网络形成离子之比。

一般来说,R 越大,玻璃相网络形成体的聚合度越高,其化学稳定性越好,矿粉的活性越低。袁润章对玻璃相结构三个层次的划分,剖析了矿粉的结构层,并分析了各结构层在矿粉中的作用。总之,矿粉的水化活性主要与矿粉玻璃体结构中 $[SiO_4]^{4-}$ 四面体的聚合度有关,一般认为无序程度越大活性越高。

由于 SiO_4 四面体的测定广泛应用比较困难,通常用矿粉的化学成分来评价,虽然还不够全面,没有涉及矿粉的结构,但这种方法能够说明矿粉的特性。国家标准《用于水泥中的粒化高炉矿渣》(GB/T 203—2008)对粒化高炉矿粉的质量系数 M_K 规定如下:

(1)质量系数

$$M_K = \frac{m(CaO) + m(MgO) + m(Al_2O_3)}{m(SiO_2) + m(MnO) + m(TiO_2)} \tag{7-2}$$

式中:$m(CaO)$、$m(MgO)$、$m(Al_2O_3)$、$m(SiO_2)$、$m(MnO)$、$m(TiO_2)$——矿粉中所含相应氧化物的质量分数。

质量系数 M_K 反映了矿粉中活性组分与非活性组分之间的比例,质量系数越大,矿粉的活性越高,M_K 不应小于 1.2。后来又增加碱度系数 M_0 和活性系数 M_a。

(2)碱度系数

$$M_0 = \frac{m(CaO) + m(MgO)}{m(SiO_2) + m(Al_2O_3)} \tag{7-3}$$

当 $M_0 > 1$ 时,矿粉为碱性矿粉;当 $M_0 = 1$ 时,矿粉为中性矿粉;当 $M_0 < 1$ 时,矿粉为酸性矿粉。

(3)活性系数

$$M_a = \frac{m(Al_2O_3)}{m(SiO_2)} \tag{7-4}$$

部分钢厂矿粉微粉化学成分分析结果如表 7-1 所示。由表 7-1 可见,高炉矿粉微粉的主要成分为硅、铝、钙的氧化物,其中氧化钙、二氧化硅含量最多,其次为氧化铝、氧化镁,此外还含有铁、锰、锌等氧化物。不同厂家的矿粉微粉主要氧化物含量有一定差异,其中唐山钢铁公司(唐钢)矿粉中 Al_2O_3、CaO 含量较少,杂质元素含量多,武汉钢铁公司(武钢)粉中 CaO 的含量相对较高。

从表中可以看出,韶关钢铁公司(韶钢)矿粉为中性矿粉,重庆钢铁公司(重钢)矿粉为碱性矿粉,其余三种为酸性矿粉,宝山钢铁公司(宝钢)和唐钢矿粉酸性较强,M_K 均小于 1;而重钢、武钢和韶钢 M_K 均大于 1.2。

矿粉的化学组成及活性指标(单位:%)　表7-1

矿粉来源	CaO	SiO₂	Al₂O₃	MgO	TiO₂	Fe₂O₃	K₂O	Na₂O	MnO	SO₃	M_K	M₀	M_a
宝钢	27.72	56.63	10.69	7.49	0.32	0.93	0.90	0.25	1.89	2.08	0.78	0.52	0.19
唐钢	19.49	53.72	7.76	8.91	1.30	2.74	0.96	0.70	1.35	2.57	0.64	0.46	0.14
重钢	38.49	32.42	12.58	7.87	0.62	1.17	0.41	0.43	0.20	0.59	1.77	1.03	0.39
武钢	34.91	34.09	11.83	7.40	0.58	1.66	0.29	0.65	0.78	1.64	1.53	0.92	0.35
韶钢	40.18	36.17	12.02	8.01	0.80	0.50	0.57	0.32	0.37	0.54	1.61	1.00	0.33

3. 粉煤灰

表7-2为组成粉煤灰的主要氧化物含量,粉煤灰中氧化钙含量一般较少,而铝含量较大,这有利于无机聚合物的聚合反应。

粉煤灰主要氧化物含量(单位:%)　表7-2

提供地区	Al₂O₃	CaO	SiO₂	Fe₂O₃	SO₃	烧失量
深圳	23.14	6.38	55.37	6.87	0.93	2.19
乌鲁木齐	27.10	9.25	47.08	6.79	1.39	3.71
包头	23.26	7.66	52.66	6.81	1.09	0.97
武汉	20.26	3.46	55.03	7.80	1.90	2.81

不同地区粉煤灰 XRD 分析如图 7-8 所示。可见,粉煤灰中玻璃体含量明显低于矿粉微粉,其结晶相主要为莫来石和水钙沸石。因此,粉煤灰的活性低于矿粉微粉。

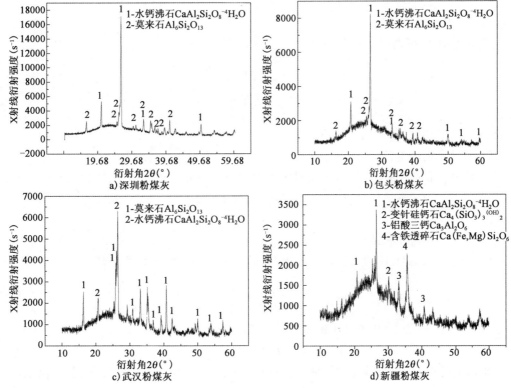

图 7-8　各地粉煤灰的 XRD

二、无机聚合物合成机理

1. 无机聚合物铝硅溶解—缩聚理论

无机聚合物材料的合成主要包括溶解、水解、缩聚和固化等过程。即固体原料在碱性条件下溶解而释放出硅、铝和其他离子，其中硅、铝离子通过水解而形成特定的硅、铝氢氧离子团。这些离子团相互发生缩合反应而形成更大的离子团，并逐渐形成胶凝相而导致材料固化。无机聚合物体系中主要含有 Si、Al、Ca、Na、K 等元素，其中 Ca—Si 的水硬化反应与水泥材料基本相同，在此就不再进行详细讨论。本书主要针对无机聚合物中的 Si、Al 离子在强碱性环境下的水解、缩聚反应机理进行研究分析，以阐明无机聚合物胶凝材料的凝结机理。

（1）Al、Si 离子水解过程分析

基于桑德森(Sanderson)的电负性均衡原理提出的电荷分布计算模型是溶胶—凝胶化学中研究离子团水解反应的有效手段。采用该模型对无机聚合物反应过程中 Al、Si 基团中各元素的电荷分布进行计算，在此基础上阐明水解过程中各基团的存在形式。

根据 Livage 电荷分布模型，某原子 i 在一定的分子结构中的电荷应按下式计算：

$$\delta_i = \frac{\bar{\chi} - \chi_i^0}{k \sqrt{\chi_i^0}} \tag{7-5}$$

式中：δ_i——原子 i 在分子中的电荷；

k——常数，一般选为 1.36；

$\bar{\chi}$——分子的平均电负性；

χ_i^o——i 原子的电负性。

上面方程中的 $\bar{\chi}$ 可通过下式解得：

$$\bar{\chi} = \frac{\sum_i p_i \sqrt{\chi_i^o} + kZ}{\sum_i \left(\dfrac{p_i}{\sqrt{\chi_i^o}} \right)} \tag{7-6}$$

式中：p_i——分子中原子 i 的化学计量数；

Z——分子的净电荷。

对于不同的金属原子在不同 pH 条件下的水化反应率 h 可以通过下式计算得到：

$$h = \frac{z - N\delta_O - 2N\delta_H - \delta_M}{1 - \delta_H} \tag{7-7}$$

式中： N——正电荷相关数；

δ_O、δ_H、δ_M——分别是 O、H 和金属原子的电荷，其值可以通过下式计算得到：

$$\delta_i = \frac{\chi_w - \chi_i^o}{k \sqrt{\chi_i^o}} \tag{7-8}$$

式中：χ_w——水在一定的 pH 条件下的电负性，可由下式计算得到：

$$\chi_w = 2.732 - 0.035 \text{pH} \tag{7-9}$$

基于以上的电荷分布计算模型，首先计算在 pH 为 12～14 的范围内铝离子水化率及 Al、O、H 原子的电荷分布，具体数据如表 7-3 所示。

Al 原子水解参数计算　　　　　　　　　　　表 7-3

pH	水溶液电负性	水化率	基团结构
	χ_w	h_{Al}	
14	2.24	4.2	
13	2.28	4.1	$[Al(OH)_4]^-$
12	2.31	3.9	

由表 7-3 数据分析可见,在高碱浓度下 Al 离子的水化率约为4。在碱性溶液中铝组分的水解反应可表示为(h_{Al}为铝的水解率):

$$[Al(OH_2)_4]_3 + hAlH_2O \rightarrow [Al(OH)_h Al(OH_2)_{4-h}](3-h)^+ + hAlH_3O^+ \qquad (7-10)$$

以 $h_{Al} = 4$ 代入以上反应式,可知 Al 的水解产物主要是以 $[Al(OH)_4]^-$ 形式存在。这一计算结果与已知的 NMR 实验结果完全一致。

同样,对硅离子在 pH 为 12~14 的范围内的水化率进行计算,具体数据如表 7-4 所示。由表可见,在高碱浓度下 Si 离子的水化率为 5.3~5.5,说明在该条件下 Si 的水化率为 5 和 6。

Si 原子水解参数计算　　　　　　　　　　　表 7-4

pH	水溶液电负性	水化率	基团结构
	χ_w	h_{Si}	
14	2.24	5.5	$[SiO(OH)_3]^-$
13	2.28	5.4	$[SiO_2(OH)_2]^{2-}$
12	2.31	5.3	

在碱性溶液中硅组分的水解反应可表示为(h_{Si}为硅的水解率):

$$[Si(OH_2)_4]^{4+} + h_{Si}H_2O \rightarrow [Si(OH)_{hSi}(OH_2)_{4-h}]^{(4-h)+} + h_{Si}H_3O^+ \qquad (7-11)$$

以 $h_{Si} = 5$ 和 $h_{Si} = 6$ 代入以上反应式,可知硅离子的水解产物主要是以 $[SiO(OH)_3]^-$、$[SiO_2(OH)_2]^{2-}$ 形式存在。随着 pH 的升高,水化率 h 增大,表明生成 $[SiO_2(OH)_2]^{2-}$ 离子团的反应相应增强,导致 $[SiO_2(OH)_2]^{2-}/[SiO(OH)_3]^-$ 的浓度比增加。这一计算结果与以前的研究相符。如 Zhdanov 以光谱法测得这两种离子在碱性条件下均存在。Barrer 和其他研究亦证实了 $[SiO_2(OH)_2]^{2-}$ 和 $[SiO(OH)_3]^-$ 在碱性条件下的存在。Caullet 和 Guth 的研究进一步表明 pH 为 12 时,$[SiO(OH)_3]^-$ 为主要组元,而 $[SiO_2(OH)_2]^{2-}$ 的浓度则随 pH 的升高而增加。

(2)铝、硅离子缩聚过程分析

虽然对于无机聚合物材料的形成机理研究还有待深入,但人们对水泥固化机理以及制造沸石的铝—硅酸盐系统的合成机理却有长期而充分的试验研究。这些研究表明,在不同的 pH 条件下,从固体原料中溶出和水解生成的 $[SiO(OH)_3]^-$、$[SiO_2(OH)_2]^{2-}$ 和 $[Al(OH)_4]^-$ 离子团之间能通过亲核加成反应形成过渡产物,并最终组成较大的 Si、Al 氢氧离子团,这个过程的化学反应为缩合反应。无机聚合物合成过程中发生的缩合反应主要可分为两类:一类是 Al—Si 组元之间的缩合;另一类是 Si—Si 组元之间的缩合。而根据 Lowenstein 规则,在铝、硅离子共存的溶液中,Al—Al 组元之间的缩合将不会发生。

采用第一性原理的密度泛函理论可以对 Si—Si 组元和 Si—Al 组元之间的缩合反应进行

理论计算。通过比较反应过程的各物质能量变化,能够分析缩合反应机理,特别是 Al 元素在无机聚合物形成中的作用,为早强无机聚合物材料制备技术提供理论基础。

(3)无机聚合物反应历程分析

在以矿粉为原料合成的无机聚合物体系中,同时存在 Si—Ca 体系的反应和铝硅酸盐体系的反应,其中 Si—Ca 体系的水化反应历程与水泥水化反应相近,在此不再赘述。

在无机聚合物合成过程中,固体原料中的铝硅酸盐玻璃相首先发生溶解、水解反应(M 代表 Al 或 Si):

$$[M(OH_2)_N]^{z+} + hH_2O \rightarrow [M(OH)_h(OH_2)_{N-h}]^{(z-h)+} + hH_3O^+ \tag{7-12}$$

在高碱性条件下,主要的水解产物为 $[Al(OH)_4]^-$、$[SiO(OH)_3]^-$ 和 $[SiO2(OH)_2]^{2-}$。这些离子团之间进行缩合反应。其中 Al—Si 离子团之间的缩合反应远比 Si—Si 离子团之间反应所需能量低,所以 Al—Si 离子团之间的缩合反应比 Si—Si 离子团之间的反应快得多。由此可见,Al 离子的存在能有效加速反应的进行,促进无机聚合物结构的形成。因此 Al 组元对于无机聚合物的快凝早强至关重要。而在合成地质聚合物时,Al 组元的唯一来源是固体废弃物原料,因此固体废弃物原料中 Al 含量、原料在碱性条件下的易溶性和激发剂的碱度对于 Al 离子的溶出至关重要。但另一方面,碱度过大将促进 $[SiO_2(OH)_2]^{2-}$ 离子团的形成。而大量 $[SiO_2(OH)_2]^{2-}$ 的存在将不利于缩合反应的进行,所以激发剂的碱度需要优化以合成快凝早强无机聚合物材料。

2.其他合成机理

在众多地质聚合物文献中,有关反应机理的描述大多引用 Davidovits 的以偏高岭土为原料,NaOH 或 KOH 为激发剂的合成机理模型。在强碱溶液的作用下,首先偏高岭土和无定形二氧化硅将发生 Si—O 和 Al—O 共价键的断裂,张书政等认为此时水溶液中生成硅酸和氢氧化铝的混合溶胶,溶胶颗粒之间部分脱水缩合生成正铝硅酸,碱金属离子 Na$^+$ 和 K$^+$ 被吸附在分子键周围以平衡铝氧四配位体所带的负电荷,反应式如下:

$$(Si_2O_5,Al_2O_2)_n + wSiO_2 + H_3O \xrightarrow{KOH+NaOH} (Na,K)_{2n}(OH)_3\text{-Si-O-Al-O-Si-}(OH)_3 \atop (OH)_2 \tag{7-13}$$

正铝硅酸

接着正铝硅酸分子上的羟基在碱性条件下很不稳定,形成氢键后进一步脱水缩合形成聚硅铝氧大分子链,反应式如下:

$$n(OH)_3\text{-Si-O-Al-O-Si-}(OH)_3 \atop (OH)_2 \xrightarrow{KOH+NaOH} (Na,K)\{\text{-Si-O-Al-O-Si-O-}\}_n + nH_2O \tag{7-14}$$

正铝硅酸　　　　　　　　　　　　　　((Na,K)-PSS)

在第一步反应式中,当 SiO_2 的系数 $w=0$ 时,终产物即为(Na,K)——PS 型;当 $w=2n$ 时,终产物为(Na,K)——PSS 型;当 $w=4n$ 时,终产物为(Na,K)——PSDS 型。Davidovit 还提出了地聚合物缩聚大分子的结构通式:

$$M_n \{ -(SiO_2)_z - AlO_2 \}_n \cdot wH_2O \tag{7-15}$$

式中: M——阳离子, 如 Na^+, K^+;

　　　n——缩聚度;

　　　z——硅铝比, 其值取 1, 2, 3;

　　　w——化学结合水数目。

其结构模型如图 7-9 所示。

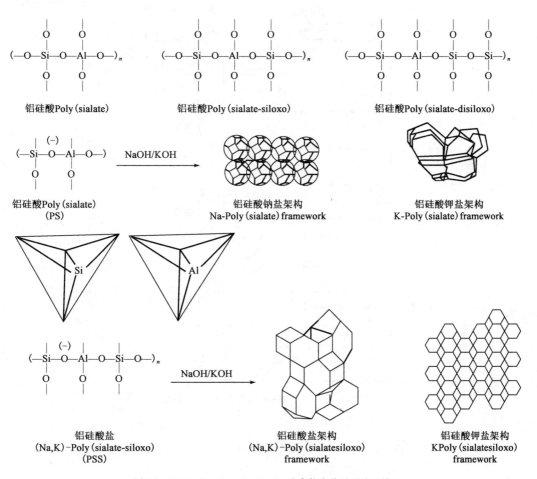

图 7-9　$M_n(-Si-O-Al-O-)_n$ 聚合物大分子形成的模型

在研究硅铝酸盐合成 4A 沸石分子筛的过程中, 发现分子筛的合成过程中实际上包含了地质聚合物聚合反应机理, 当聚合反应晶化程度非常低时, 就可以生成地质聚合物, 其反应过程如图 7-10 所示。在分子筛合成过程中, 从形成凝胶阶段开始, 如果给予适当的晶化条件, 就会合成分子筛, 否则就形成非晶结构的地质聚合物。

段瑜芳通过对地质水泥的水化放热曲线研究, 并和普通硅酸盐水化放热曲线对比, 发现地质水泥的水化放热速率曲线与普通硅酸盐水泥在形式上十分相似, 从放热的角度, 也可以把它分为初始期、诱导期、加速期、减速期和稳定期五个阶段。马鸿文等将上述过程简单概括为: 铝硅酸盐固体组分的溶解络合、分散迁移、浓缩聚合和脱水硬化。聚合反应是一个放热脱水过程,反应以水为介质,聚合后又将部分水排除,少量水则以结构水的形式取代$[SiO_4]^{4-}$中1个O的位置。聚合反应过程为各种铝硅酸盐与强碱性硅酸盐溶液之间的化学反应与化学平衡过程。

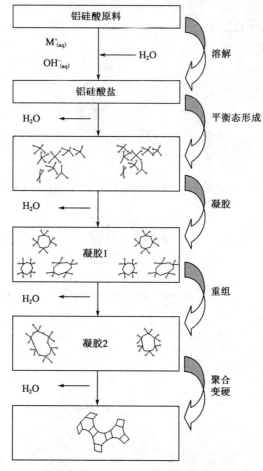

图7-10 分子筛合成机理地质聚合反应示意图

第三节 无机聚合物混凝土性能

无机聚合物混凝土是由无机聚合物胶凝材料、粗骨料、细骨料、水及适量的外掺材料按适当比例构成的工程复合材料。快凝早强无机聚合物混凝土分为两大类:抢建无机聚合物混凝土和抢修无机聚合物混凝土(下文分别简称为抢建混凝土、抢修混凝土)。抢修混凝土成型4h即可进行飞机起降,抢建混凝土成型7d即可交付使用。本节内容主要来自空军工程大学相关研究成果。

一、和易性

混凝土的和易性对保证混凝土达到设计强度和耐久性能有重要的意义。它不仅关系到施工的难易和速度,而且关系到工程的质量和经济性。混凝土拌和物的和易性是一项综合的技术性质,它包括流动性、黏聚性、保水性三方面的含义。常用的测试方法包括坍落度、维勃稠度、密实度、流动度等。机场道面混凝土一般采用干硬性混凝土,其指标一般为维勃稠度 15～30s。无机聚合物道面混凝土需要快速铺筑,故应采用自密实混凝土,流动性指标选择为坍落度 160mm 以上。

1. 矿粉用量对混凝土和易性的影响

对于采用液态激发剂的无机聚合物胶凝材料,矿粉用量对道面混凝土的坍落度有很大的影响,如图 7-11 所示。在相同溶胶比条件下,随着矿粉用量的增加,混凝土坍落度随之增加。这是由于胶凝材料用量增大,混凝土拌和物在保持溶胶比不变的情况下,包裹在骨料颗粒表面的浆层越厚,润滑作用越好,使骨料间摩擦阻力减小,混凝土拌和物流动性增加。但矿粉用量不足 400kg/m³ 时,即使溶胶比很大(0.58),坍落度也无法达到坍落度指标 160mm;矿粉用量≥400kg/m³ 时,当溶胶比≥0.56 时,坍落度均能达到 160mm 以上。由此可见,要达到坍落度 160mm 以上的指标,矿粉用量存在一个最小值,即 400kg/m³。

2. 溶胶比对混凝土和易性的影响

对于采用液态激发剂的无机聚合物胶凝材料,在相同矿粉用量条件下,道面混凝土坍落度随着溶胶比的增加而相应增加,如图 7-12 所示。混凝土的坍落度取决于单位体积混凝土的溶液用量(体现了用水量的多少),这符合混凝土配合比设计中的需水性定则。但当溶胶比为 0.54 时,矿粉用量即使增加到 400kg/m³、420kg/m³,坍落度仍无法达到坍落度指标 160mm,只有当矿粉多达 440kg/m³ 时,才能满足要求。因此,本着尽量减少胶凝材料体积的原则,为满足和易性要求,无机聚合物道面混凝土溶胶比不宜低于 0.56。

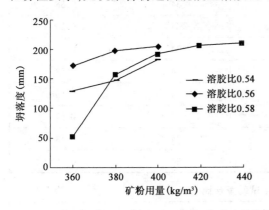

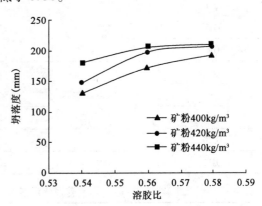

图 7-11　矿粉用量对无机聚合物道面混凝土坍落度的影响　　图 7-12　溶胶比对无机聚合物道面混凝土坍落度的影响

3. 其他因素的影响

(1)矿粉对和易性的影响

无机聚合物混凝土中所用的胶凝材料主要为各种矿粉,由于其细度、结构、形貌的不同对混凝土和易性的影响也不同。混凝土的和易性随着矿粉细度的增加而降低,当加入部分超细粉煤灰后,由于其微骨料和形态效应,使得无机聚合物混凝土和易性提高,坍落度损失降低。

(2)砂率对和易性的影响

胶结浆体的稠度和数量确定后,砂率便成为影响新拌混凝土工作度的重要因素。因砂率变动会使骨料的空隙度和表面积发生变化,其对无机聚合物混凝土的影响与水泥混凝土相似。

（3）骨料对和易性的影响

砂、石等骨料在混凝土中用量最大，其特性对拌和物和易性的影响也比较大。骨料的特性一般指它的品种、级配、颗粒的粗细及表面性状等，骨料对无机聚合物混凝土的影响与水泥混凝土相似。

（4）拌和物存放时间及环境温度对和易性的影响

混凝土拌和物随时间的延长会变得干硬，坍落度将逐渐减小，这是由于拌和物中的一些水分被骨料所吸收，另一部分水分在太阳或风的作用下蒸发，以及反应也需要水分参与进行而造成的。混凝土拌和物的和易性还受温度的影响，随着环境温度的升高，混凝土的坍落度损失得更快，这是由于此时的水分蒸发及胶凝材料的化学反应进行得更快。

二、力学性能

1. 混凝土配合比

无机聚合物混凝土配合比见表7-5，普通水泥道面混凝土试验配合比见表7-6。

无机聚合物混凝土配合比   表7-5

编 号	矿粉（kg/m³）	激发剂（kg/m³）	砂率（%）	溶 胶 比
QJ1		255.2	34	0.58
QJ2	440	246.4	34	0.56
QJ3		237.6	34	0.54
QJ4		243.6	34	0.58
QJ5	420	235.2	34	0.56
QJ6		226.8	34	0.54
QJ7		232	34	0.58
QJ8	400	224	34	0.56
QJ9		216	34	0.54
QJ10	380	220.4	34	0.58
QJ11	360	208.8	34	0.58

普通水泥道面混凝土试验配合比   表7-6

编 号	水泥（kg/m³）	水（kg/m³）	砂率（%）	水灰比
P	330	141.9	32	0.43

2. 抗折强度

无机聚合物混凝土用于机场道面时，该指标称为抗折强度。混凝土强度抗折强度试验结果见表7-7和图7-13。

混凝土强度抗折强度试验结果（单位：MPa）   表7-7

编号		QJ1	QJ2	QJ3	QJ4	QJ5	QJ6	QJ7	QJ8	QJ9	QJ10	QJ11	P
抗折强度	7d	6.69	6.80	7.02	7.03	7.14	7.70	7.08	7.26	7.47	7.59	7.49	5.43
	28d	6.86	7.56	7.39	7.20	7.66	8.09	7.46	8.18	8.36	8.51	8.38	6.83

可以看出,无机聚合物混凝土抗折强度均达到 6.6MPa 以上,QJ10 28d 抗折强度较普通水泥混凝土 P 提高 24.6%,达 8.5MPa;7d 强度提高 41.8%,达 7.6MPa。无机聚合物混凝土的强度发展较快,7d 抗折强度为 28d 强度的 88.8% ~ 97.6%,远高于普通水泥混凝土 P 的 79.5%。这说明无机聚合物混凝土无论是早期抗折强度还是后期抗折强度都远高于普通水泥混凝土。这是由于在普通水泥混凝土的水化物中,$Ca(OH)_2$ 生成量占水泥石体积约为 12%,且富集于骨料底面形成的迁移带中,且 $Ca(OH)_2$ 无黏结力,受力时在迁移带周围形成应力集中现象,促使微裂缝宽度和长度急剧增大,直至相互联在一起,降低其抗折强度。而无机聚合物混凝土水化过程中几乎不生成 $Ca(OH)_2$,因而大大增强了骨料与凝胶体的黏结力,从而显著提高其抗折强度。

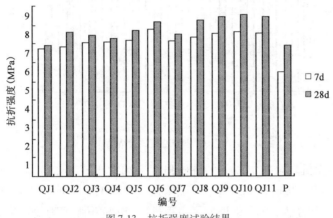

图 7-13 抗折强度试验结果

无机聚合物混凝土抗折强度较水泥混凝土的提高,也可以很明显地反映在两者不同的破坏形态上。无机聚合物混凝土破坏过程中首先在试件下方即受拉区出现一条垂直向上的裂缝,随后裂缝快速扩展,最后裂缝贯穿整个试件,试件即破坏,最终破坏时试件基本从中间断成两段,断裂面发生在水泥石和骨料中,粗集料大都被拉断,断面平滑,如图 7-14 所示。而水泥混凝土断裂面多发生在水泥石与骨料的结合界面上,粗集料大都被从水泥石中拔出,因而断面显得交错杂乱,如图 7-15 所示。

图 7-14 QJ 抗折破坏断面形态

图 7-15 水泥混凝土抗折破坏断面形态

3.抗压强度

试件抗压强度试验结果见表 7-8 和图 7-16。

混凝土抗压强度试验结果（单位：MPa）　　　　　　　　　表 7-8

编号	QJ1	QJ2	QJ3	QJ4	QJ5	QJ6	QJ7	QJ8	QJ9	QJ10	QJ11	P
7d	80.7	80.4	81.5	77.1	79.6	83.5	79.2	80.1	83.7	83.9	84.8	35.2
28d	86.8	86.9	88.7	86.7	87.4	89.5	87.1	87.6	90.1	90.3	91.9	50.7

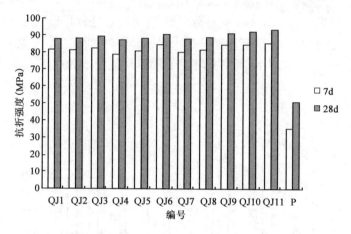

图 7-16　抗压强度试验结果

试验成果表明：无机聚合物混凝土的抗压强度远远大于普通水泥混凝土 P，其中，QJ11 试件 28d 抗压强度提高 81.3%，达 92MPa；7d 抗压强度提高 138.4%，达 85MPa。

无机聚合物混凝土的早期抗压强度发展也很迅速，7d 抗压强度为 28d 抗压强度的 88.9%～93.3%，远高于普通水泥混凝土的 69.4%。

除强度提高外，抗压试验中两种混凝土试件的破坏断面形态上有明显的区别。无机聚合物混凝土破坏时出现一条斜裂缝贯穿试件，破坏过程较慢。峰值应力之前，内部仅出现微裂纹，稳定扩展，峰值应力后，出现可视裂缝，此后裂缝失稳扩展并贯穿，但持续时间较长，因此，最终破坏时无大的劈裂声音，破坏后试件基本裂而不散，如图 7-17 所示。水泥混凝土 P 试件在峰值荷载后不久，出现裂缝，并迅速增宽、扩展与贯穿，试件发生脆性破坏，并伴随剧烈的劈裂声，试件部分散开或完全碎掉，如图 7-18 所示。

图 7-17　QJ 抗压破坏断面形态

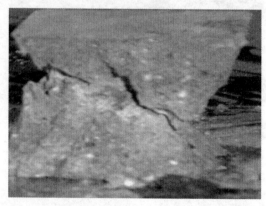

图 7-18　水泥混凝土抗压破坏断面形态

两种混凝土在强度与破坏形态上存在差异的原因,主要是由于水泥石与骨料的黏结强度远低于碱矿粉胶凝材料与骨料的黏结强度,使得混凝土中薄弱区域增多,从而导致了水泥混凝土总体强度的降低。

4. 弹性模量

无机聚合物混凝土弹性模量为 3~4MPa,基本与水泥混凝土相当。

三、耐久性能

1. 抗冻性能

道面混凝土的抗冻性是反应混凝土耐久性的重要指标之一,特别是在北方寒冷天气条件下的工程急需解决的问题。饱水的状态下混凝土经受多次冻融循环后一般会被破坏,且强度也会严重降低。一般用冻融循环后的混凝土质量损失和动弹性模量来反映它的破坏程度。

选取五组代表性配比(编号为 QJ),同一组普通水泥混凝土(编号为 P)进行对比试验,结果见表 7-9。

混凝土抗冻性能试验结果　　　　表 7-9

编号	质量初值(kg)	动弹模初值(GPa)	次数	质量损失(%)	相对动弹模(%)	次数	质量损失(%)	相对动弹(%)	抗冻等级	抗冻耐久性系数 D_F
P	10.25	53.23	100	1.0	67.2	125	1.2	52.8	F100	0.18
QJ2	10.54	55.40	275	0.1	93.7	300	0.1	92.0	>F300	0.92
QJ5	10.49	55.71	275	0.4	91.4	300	0.5	90.5	>F300	0.91
QJ7	10.48	56.21	275	0.6	90.3	300	0.7	89.8	>F300	0.90
QJ8	10.63	56.44	275	0.6	91.1	300	0.6	89.9	>F300	0.90
QJ9	10.45	56.03	275	0.2	94.6	300	0.4	94.6	>F300	0.95

从试验结果可以看出,无机聚合物混凝土抗冻性能比普通水泥混凝土 P 提高很多。普通水泥混凝土 P 抗冻等级为 F100,无机聚合物混凝土抗冻等级均在 F300 以上,较之提高 200% 以上;无机聚合物混凝土的抗冻耐久性系数 D_F 为 0.90~0.95,是普通水泥混凝土 P 的 5 倍多,且质量损失很小,完全满足严寒地区道面混凝土抗冻要求。这是因为无机聚合物混凝土不存在水泥混凝土的薄弱过渡区,细小孔比例大,结构密实,抗渗透能力强,水分渗透进去困难,混凝土不易达到冻结饱和状态;同时无机聚合物混凝土强度高,抵抗破坏能力强,且其含气量也较水泥混凝土高出许多,缓解了冻融过程中产生的冻胀压力和毛细孔水的渗透压力,这些都对抗冻性十分有利,因而无机聚合物混凝土表现出优异的抗冻性。

从冻融试件的表面状况看,普通水泥混凝土冻融达到 125 次以后,试件表面已经剥落比较严重,开始大面积掉渣,骨料裸露,有微小孔洞出现,如图 7-19 所示,在实际中,这样的情况是不允许出现的。而 QJ 的表观较好,在冻融循环达 300 次以后,混凝土表面才开始有起皮现象,局部出现细小网状裂纹,但骨料无裸露,如图 7-20 所示。

2. 抗水渗透性能

抗水渗透性是评价混凝土硬化后防水性能的重要指标。试件为顶面直径 175mm、底面直径 185mm、高 150mm 的锥台。抗水渗透性试验,采用逐级加压法进行,抗渗性能试验结果如表 7-10 所示。

a)　　　　　　　　　　　　b)

图7-19　冻融循环150次后普通水泥混凝土表面状况

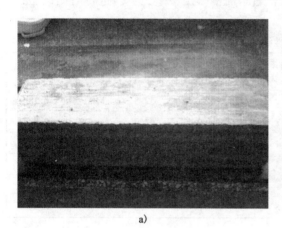

a)　　　　　　　　　　　　b)

图7-20　冻融循环300次后无机聚合物混凝土表面状况

混凝土静水压力抗渗试验结果　　　　　　　　表7-10

编号	P	QJ1	QJ2	QJ3	QJ4	QJ5	QJ6	QJ7	QJ8	QJ9
压力值(MPa)	1.1	4.1	4.1	4.1	4.1	4.1	4.1	4.1	4.1	4.1
渗水高度(mm)	已渗水	1	0	0	0	0	0	0	0	0
抗渗等级	P10	> P40	> P40	> P40	> P40	> P40	> P40	> P40	> P40	> P40

可以看出,无机聚合物混凝土抗渗性能比水泥混凝土P高很多。普通水泥混凝土P在压力值为1.1MPa时试件表面已渗水,而无机聚合物混凝土在压力值为4.1MPa时试件表面均无渗水,劈开试件基本观测不到渗水高度,抗渗等级均在P40以上。这是由于所配制的无机聚合物混凝土工作性较好,且不存在水泥混凝土的薄弱过渡区结构,孔结构优良,内部多为封闭状小孔,细小孔($3 \times 10^{-7} \sim 8 \times 10^{-7}$mm)多达16.6%,而硅酸盐水泥仅为3.4%,混凝土结构更为致密,故无机聚合物混凝土的抗渗透性优于普通水泥混凝土。此外研究表明,在外部环境条件确定的条件下,混凝土强度越高,抗渗性越好,当混凝土抗压强度大于80MPa时,混凝土即使不引气亦有足够高的抗渗性抵御水分侵入。QJ1~QJ9的抗压强度均在86MPa以上,这也大大提高了无机聚合物混凝土的抗渗性。

3. 抗氯离子渗透性能

抗氯离子渗透性试验采用《普通混凝土长期性能和耐久性能试验方法标准》（GB/T 50082—2009）中的电通量法进行。试件为底面直径 100mm、高 55mm 的圆柱体。

试件的抗氯离子渗透性能试验结果如表 7-11 所示。

无机聚合物混凝土氯离子渗透试验结果 　表 7-11

编号	P	QJ1	QJ2	QJ3	QJ4	QJ5	QJ6	QJ7	QJ8	QJ9
6h 电通量(V·m)	2735	1894	1889	1876	1856	1847	1841	1773	1771	1751
氯离子渗透性	中	低	低	低	低	低	低	低	低	低

可以看出，与静水压力试验结果一致，无机聚合物混凝土抗氯离子渗透性能比普通水泥混凝土 P 高很多。无机聚合物混凝土氯离子渗透 6h 电通量为普通水泥混凝土 P 的 64% ~ 69%，说明其抗渗性能均较普通水泥混凝土有较大提升，可以有效阻止侵蚀介质侵入混凝土，从而明显提高道面混凝土耐久性能。

4. 抗硫酸盐侵蚀性能

参照中国建筑科学研究院 1992 年进行的混凝土抗硫酸盐腐蚀浸泡加速试验研究成果，采用"全浸泡法"进行试验。

混凝土质量损失、强度比和抗腐蚀系数按下式计算。

质量损失：

$$W_s = \frac{W_b - W_h}{W_b} \tag{7-16}$$

强度比：

$$R_s = \frac{R_b - R_h}{R_b} \tag{7-17}$$

抗腐蚀系数：

$$K = \frac{R_2}{R_1} \tag{7-18}$$

式中：W_b——标养 28d 后的试件质量(kg)；

W_h——浸泡 60d 后混凝土的质量(kg)；

W_s——浸泡 60d 后混凝土的质量损失(%)；

R_b——标养 28d 后的抗压强度(MPa)；

R_h——浸泡 60d 后混凝土抗压强度(MPa)；

R_s——浸泡 60d 后混凝土抗压强度比(MPa)；

R_2——在侵蚀溶液中浸泡 60d 后抗压强度(MPa)；

R_1——在清水中浸泡 60d 后抗压强度(MPa)；

K——抗腐蚀系数，$K > 0.8$ 为合格。

外观变化评定标准为：浸泡后，试件的外观基本无变化的为耐腐蚀；有粉化、起砂现象的为尚耐腐蚀；严重起砂及掉角、开裂的为不耐腐蚀。三级代号分别为Ⅰ、Ⅱ和Ⅲ。

选取三组无机聚合物混凝土(编号为 QJ)和普通水泥混凝土(编号为 P)进行对比试验，结果见表 7-12。

混凝土耐腐蚀试验结果 表7-12

编号	溶液	W_b(kg)	W_h(kg)	W_s(%)	R_b(MPa)	R_h(MPa)	R_s(%)	K	外观评定
QJ2	清水	2550	2550	0	90.3	90.7	+0.44	1	I
	Na₂SO₄	2558	2559	+0.04	90.0	90.4	+0.44	0.99	I
QJ5	清水	2575	2577	+0.08	89.7	89.7	0	1	I
	Na₂SO₄	2581	2583	+0.08	89.4	89.5	+0.11	0.99	I
QJ8	清水	2551	2553	+0.08	88.7	89.1	+0.45	1	I
	Na₂SO₄	2541	2541	0	88.3	88.6	+0.34	0.99	I
P	清水	2581	2579	0.08	52.7	52.1	1.14	1	I
	Na₂SO₄	2577	2553	0.93	52.1	41.2	20.92	0.79	II

在5%的Na_2SO_4溶液中,无机聚合物混凝土试件表面看不到遭受侵蚀破坏的明显痕迹,外观变化评定为Ⅰ级,如图7-21所示。质量和抗压强度不但没有降低,反而略有增长,质量的增加为腐蚀产物和腐蚀性介质留在试件内部所致,强度的增长是强度随水化龄期而增长的结果,抗腐蚀系数都大于0.8,平均为0.99,这表明它具有很好的抗硫酸盐侵蚀的性能。而普通水泥混凝土P的抗压强度则显著降低,强度比为20.92%,抗腐蚀系数0.79,质量稍有降低,试件边、面、角都明显软化,底部出现露砂现象,外观变化评定为Ⅱ级,如图7-22所示,可见遭受硫酸盐腐蚀性较为严重。

图7-21 无机聚合物混凝土硫酸盐腐蚀
60d后外观变化

图7-22 水泥混凝土硫酸盐腐蚀
60d后外观变化

无机聚合物混凝土之所以耐硫酸盐腐蚀,主要有以下三个原因:

(1)结构致密,键合强,不易被腐蚀。

(2)生成无钙体系,水化产物不会和硫酸盐反应。

(3)聚合反应速度非常快,用于激发作用的碱迅速被消耗。

5.耐磨性能

依据《混凝土及其制品耐磨性试验方法》(GB/T 16925—1997)规定进行,试件为150mm × 150mm × 150mm 的立方体。试件耐磨性能试验研究结果如表7-13、图7-23所示。

混凝土耐磨性试验结果　　　　　　　　表 7-13

编号	P	QJ1	QJ2	QJ3	QJ4	QJ5	QJ6	QJ7	QJ8	QJ9
磨槽深度（mm）	1.17	0.85	0.58	0.61	0.96	0.91	0.45	0.77	0.58	0.46
耐磨度	1.92	2.64	3.87	3.68	2.34	2.45	4.99	2.92	3.87	4.91

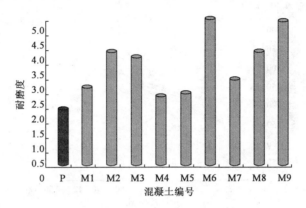

图 7-23　QJ 与普通水泥混凝土 P 的耐磨度

可以看出无机聚合物混凝土耐磨性能远比普通水泥混凝土 P 好,耐磨度高达 4.99,为水泥混凝土的 1.22～2.60 倍。其原因在于无机聚合物混凝土不存在普通水泥混凝土的薄弱界面结构,提高了浆体的密实度,表面更为致密,早期原生缺陷较之大大降低,且无机聚合物混凝土比普通水泥混凝土有更高的强度和硬度,因此无机聚合物混凝土具有优异的耐磨性能。

6. 干缩性能

选取五组无机聚合物混凝土(编号为 QJ)及普通水泥混凝土(编号为 P),对混凝土各龄期干缩值进行测量计算,结果如表 7-14、图 7-24 所示。

混凝土干缩试验结果　　　　　　　　表 7-14

编　　号	各龄期收缩值（10^{-6}）										
	1d	3d	7d	14d	28d	45d	60d	90d	120d	150d	180d
P	30	49	87	117	209	243	269	279	301	313	343
QJ2	50	117	178	206	227	244	278	291	307	327	354
QJ5	47	105	166	201	223	240	273	289	305	324	351
QJ7	51	121	187	212	234	251	284	297	313	338	361
QJ8	42	98	149	197	217	245	271	285	302	317	346
QJ9	54	126	191	220	244	259	287	303	317	340	364

可以看出,各个配比的无机聚合物混凝土的各龄期干缩值均略高于普通水泥混凝土 P,早期收缩较大,其中 QJ8 的 1d、3d、7d、14d、28d、45d、60d 的收缩值分别比普通水泥混凝土 P 大 40%、100%、71.3%、68.4%、3.8%、0.8%、0.7%。可以看出,无机聚合物混凝土早期收缩值比水泥混凝土略大,而后期(从 28d 起)和水泥混凝土基本相当,两者处于同一档次,属低收缩混凝土。

另外,还可以看出,无机聚合物混凝土早期收缩较大,7d、14d 和 28d 的干缩分别占 180d

干缩值的50%、59%和64%左右。道面板表面积很大,蒸发量大,实际现场收缩更会趋向于在早期发生,有可能引起道面板表面产生收缩裂缝,所以对于无机聚合物混凝土应加强早期养护,且要从混凝土浇筑完成后,就需加强养护。及时、持续和充足的供水养护基本可解决问题,从而延缓道面板表面干缩的发生,使徐变能起到缓冲收缩应力的作用,防止道面板出现收缩裂缝,提高道面混凝土耐久性能。

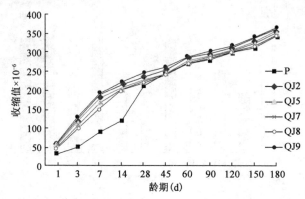

图7-24 无机聚合物混凝土与水泥混凝土的干缩试验结果

第四节 无机聚合物混凝土施工与应用

无机聚合物混凝土按用途可分为抢修无机聚合物混凝土和抢建无机聚合物混凝土(下文简称抢修混凝土、抢建混凝土),由于它们用途不同,在胶凝材料、配合比、凝结时间、强度增长速度等多方面存在差异,使得两者在施工设备、工艺、人员等多方面存在较大差别。

一、施工技术

1. 施工工艺流程

抢修、抢建混凝土施工工艺流程分别见图7-25、图7-26。

2. 抢修混凝土施工

(1)施工准备

①技术准备

施工前应熟悉设计文件和无机聚合物混凝土相关规范标准。以4h抗折强度为控制指标,采用绝对体积法进行抢修无机聚合物混凝土的配合比设计,应按设计强度的1.1~1.15倍进行配制。

②机械、人员准备

a. 机械、人员配备表

抢修无机聚合物混凝土道面施工机械、人员配制见表7-15。

b. 抢修一体化施工车

抢修类无机聚合物混凝土初凝时间只有20~40min,即便现场架设固定搅拌站,从混合料拌和、运输、浇筑、摊铺、振捣至做面完毕,时间也较为紧张,劳动强度很大。通常破损道面修补面积小、分散区域广,一次拌和量不能过多,导致施工效率低下。研发集储料、运输、配料、拌和为一体的施工装备是解决以上问题的最佳方案。

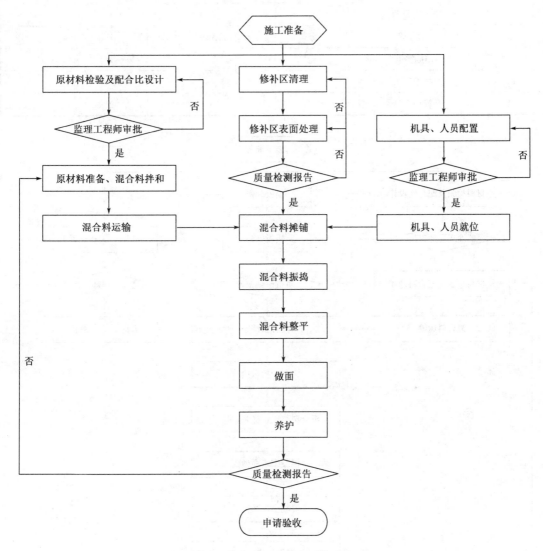

图 7-25 抢修混凝土施工工艺流程图

抢修无机聚合物混凝土道面施工机械、人员配制(1 个作业面) 表 7-15

序 号	人员、机械设备、工具	单 位	型 号	数 量	备 注
1	指挥车	台	勇士越野车	1	—
2	一体化施工车	台	RT410	1	
3	装载机	台	ZL50D	2	—
4	配料车	台	19t 斯太尔	5	—
5	水车	台	8t	1	—
6	机场清扫车	台	—	1	自研发车

序　号	人员、机械设备、工具	单　位	型　　号	数　量	备　注
7	插入式振动棒	台	1.5kW	3	—
8	木夯梁	条	2.5kW	1	—
9	压槽机	台	—	1	—
10	技术工人	人	—	13	—
11	管理人员	人	—	2	—

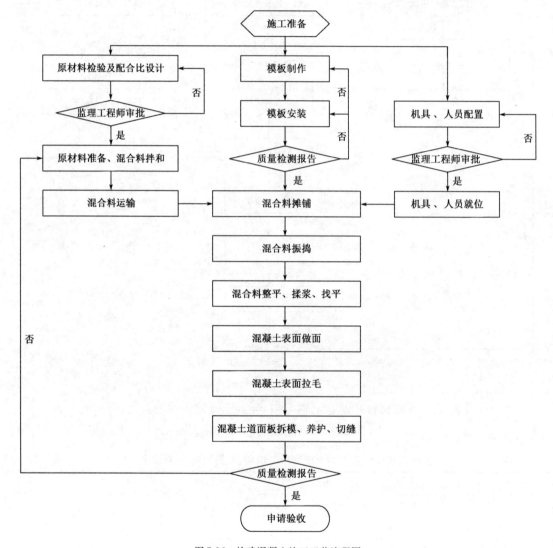

图7-26　抢建混凝土施工工艺流程图

一体化抢修施工车一次能够携带、储存8～12.5m³混凝土所需的原材料,包括胶凝材料、石子、砂、水、外加剂,见图7-27。原材料以恒定速率被输送到一个螺旋搅拌器,搅拌器是一个圆筒型装置,原料从一端进入,内部螺旋装置以每分钟200～500转的转速将混合料完全混合,并将混合料从另一端推出,直接浇筑在修补作业面上。该设备能在数秒内对原材料进行精确计量、配比、搅拌,可以连续生产,每小时可生产 45m³,也可间歇生产小于 0.1m³ 的混凝土。这样既适用于连续抢修多段道面,也适用于修补多处零星小块破损道面,极大地提高了抢修效率。

③原材料准备

抢修混凝土所用原材料——胶凝材料、细骨料、粗骨料、水等应满足相关标准规定。

无机聚合物混凝土原材料具有良好的适应性,在碎石或砾石缺乏的地区,可就地采用天然级配砂砾石或戈壁料等作为骨料,在海防和岛礁建设工程中,混凝土用水可采用海砂、海水。

图 7-27　无机聚合物混凝土抢修一体化施工车

(2)修补前的现场处理

①战时抢修

无机聚合物混凝土即适用于弹坑面层的抢修也适用于道面坑洞的修补,包括薄层修补。对于弹坑抢修,排弹、回填碾压按国家军用标准执行。

坑洞修补前,应首先将松散部分清除,然后用空压机吹干净,修补前保持修补面干燥。坑洞深度大于 5cm 的采用抢修混凝土进行修补,深度小于 5cm 的采用无机聚合物砂浆进行修补。

②平时抢修

平时抢修是指在非战争时期对军用机场旧道面破损处进行快速修补以满足飞机训练使用要求,以及民用机场在不停航状态下对水泥混凝土道面进行快速修补,也可用于抗震救灾和灾后重建工程的快速抢修抢建。修补前应首先将破损混凝土按矩形破除,同时对基层进行检查,如有基层明显沉降,必须处理合格后再铺筑修补材料,然后应采用空压机将新老接合面清理干净,确保修补效果。

(3)一体化设备拌和、摊铺

抢修一体化施工车各原材料存储仓上料完毕后,开至抢修作业面旁。在控制箱面板上,按抢修无机聚合物混凝土配合比设定各原材料用量。将螺旋搅拌器出口旋转摆动到抢修作业面上方,拌和出料。可以根据作业面形状、大小和位置不断调整螺旋搅拌器出口位置,加快摊铺速度。在大面积抢修过程中,可配备装载机、配料车、水车等设备,以确保连续、快速施工。

(4)混合料振捣、抹面、表面抗滑

摊铺后应及时采用插入式振捣棒振捣,表面用木夯梁拖振 1~2 遍,人工整平局部不平处。抢修混凝土整平提浆后采用一道木抹、一道铁抹的工序进行抹面。抹面必须在终凝前完成。若时间允许,在混凝土凝固前采用压槽机压槽的方法以增加表面抗滑性能。

(5)养护

抢修混凝土强度增长很快,4h 便可投入使用,因此在抹面完成后喷涂一层混凝土养护剂即可,无须覆盖湿养。

抢修混凝土一般不用切缝,若需要切缝,时间宜控制在混凝土成型后 3~4h。

3. 抢建混凝土施工

(1)施工准备

①技术准备

由于抢建混凝土采用的施工机具、人员基本与普通混凝土相同,所以技术准备中应重点熟悉无机聚合物的相关规范标准。

抢建混凝土的配合比采用绝对体积法进行设计,以 7d 抗折强度作为控制指标,应按照设计强度的 1.10~1.15 倍进行配制。

施工前应进行试验段施工,检验配合比合理性,必要时对原配合比的主要参数进行调整。

②施工机械、人员准备

抢建混凝土道面施工人员、机械配制(1 个作业面),见表 7-16。采用固定式搅拌站时,抢建工程开始前应完成混凝土搅拌站的架设工作和所有机具进场准备工作,确保其良好的工作状态。浇筑时,采用轮式挖掘机进行混凝土摊铺可以加快抢建速度,减轻工人劳动强度。

抢建混凝土道面施工人员、机械配制 表 7-16

序　号	人员、机械设备、工具	单　位	型　号	数量	备　注
1	指挥车	台	勇士越野车	1	—
2	搅拌机	台	JS1500	1	每罐 1.5m^3
3	10t 翻斗车	台	斯太尔	5	—
4	水车	台	5t	2	—
5	自行式联合振捣器	台	—	1	—
6	插入式振动棒	台	1.5kW	6	—
7	抹面机	台	7.5kW	2	—
8	木条夯	条	3.0kW	2	—
9	滚筒	根	—	2	—
10	切缝机	台	1.5kW	2	—
11	凿岩机	台	ZYJ15	1	支模用
12	装载机	台	ZL50D	2	—
13	轮式小挖掘机	台	0.5m^3	1	摊铺用
14	技术工人(技术兵力)	人	—	40	—
15	管理人员	人	—	4	—

③原材料准备

原材料的质量应满足相关国军标的要求,原材料应按照抢建工程实际任务量和时限的要求,有计划的进场,在抢建工程开始前完成备料工作。

抢建道面(厚度按 30cm 计)所需各种材料用量参照表 7-17 确定。

④现场准备

抢建施工前应对基层高程、平整度和横坡度进行检测,对局部超高处应凿除,局部低凹处应先找平或直接与道面一起浇筑。

抢建机场道面材料种类及用量　　　　表7-17

抢建道面面积（m²）	胶凝材料（t）	中粗砂（m³）	大石（粒径为20~40mm）（m³）	小石（粒径为5~20mm）（m³）
1000	142	120	146	120
50000	7100	5890	7300	5950
100000	14200	11780	14600	11900

⑤模板制作、支设与拆除

抢建无机聚合物混凝土模板的制作、支设与拆除应符合普通混凝土模板相关国家规范的要求。

采用无机聚合物混凝土铺筑道面板的最早拆模时间应符表7-18的要求。

最 早 拆 模 时 间　　　　表7-18

昼夜平均气温（℃）	混凝土成型后最早拆模时间（h）	昼夜平均气温（℃）	混凝土成型后最早拆模时间（h）
<5	>24	20~30	12
5~10	24	>30	8
10~20	18		

（2）混合料的配制和运输

①配料

抢建混凝土必须按施工配合比（质量比）计量配制，每罐投料允许偏差：胶凝材料为±0.5%，砂、石料均为±3%，水、外掺材料为±1%。

混凝土必须先进行干拌，然后再加水湿拌，加料的顺序为大石→小石→砂→胶凝材料→激发剂（水）。混合料干拌时间30s时开始加水，自加水结束的净搅拌时间不低于60s。

每班开工前，应对搅拌站进行例行检查，确保其工作状态良好和计量装置准确。

每次搅拌混凝土均应按规范要求进行详细记录，以备审查。

②混合料运输

抢建混凝土可采用固定或移动式搅拌机拌制，运输距离不宜大于1.5km，尽量减少车辆颠簸，避免混凝土离析。同时应合理调配运输车辆，使拌和、运输及摊铺工序紧密衔接。

车辆进入铺筑地段及倒车时，不得碰撞模板、传力杆支架及先前浇筑成型的混凝土板（俗称先筑板，下同）边角，也不得将混凝土混合料倒在传力杆支架和模板上。

混凝土混合料在运输过程中，不应漏浆洒料，车轮不应将泥带入铺筑地段，车内外的黏浆剩料要及时清除。

运输车辆吨位不宜过大，以10t翻斗车为宜。卸料高度不宜超过1.5m，超过时，应加设溜槽。

（3）混合料摊铺

抢建混凝土摊铺方法与普通混凝土道面（路面）大致相同，需要注意的是无机聚合物混凝土凝结时间短，可采用小挖掘机加快摊铺速度，其混合料的摊铺应与振捣连续进行。

混凝土的虚铺厚度应先进行试验，以确保混凝土振捣后的表面高度与模板顶面一致。

（4）振捣和整平

抢建混凝土的混合料属于大流动、自密实混凝土，易于振捣，使用自行联合振捣器配木条夯进行振捣与整平。特别注意混凝土板的边角及企口部位，应用插入式振动棒补振密实。在振捣过程中，应辅以人工找平，并应随时检查模板有无松动、上升、沉降和倾斜，有则应及时予以纠正。

振捣后应立即用木夯梁对混凝土表面进行粗平，局部不平处，可用木抹或钢抹整平。粗平后采用铁滚杠滚动 3～5 遍进行揉浆精平，使表面泛浆均匀，平整密实。

整平作业后，应复查模板的平面位置与高程，如不符合要求，应及时处理。

（5）抹面和表面抗滑施工

抢建混凝土精平后采用一道木抹，一道抹面机，两道铁抹共 4 道工序进行抹面。

木抹抹面时，边抹面边用 3m 直尺交错检查混凝土板面平整度，保证平整度符合要求。最后一道铁抹要求混凝土表面光滑平整，无抹痕。抹面机可使混凝土表面更加密实，提高抹面效率。

表面抗滑施工应符合设计和相关规范要求，可采用拉毛、压槽或后期刻槽等方式。

（6）切缝

抢建混凝土的切缝时间应根据现场气温条件通过试验来确定。过早会造成边缘损伤，过晚会导致不规则开裂或断板。

切缝前应精确定位，弹出墨线做切缝导向，按设计宽度、深度切缝。

抢建混凝土常温条件下的切缝时间宜控制在成型后 7～8h，其他温度条件下，宜结合混凝土强度增长并通过试验确定。

（7）养护

由于抢建混凝土的早期收缩性略大于普通混凝土，所以抢建混凝土应特别加强早期养护。抹面完成后应立即覆盖塑料布，并加铺一层无纺布进行保水、保温养护，以提高混凝土早期强度并防止塑性裂缝的产生。1d 后对道面进行洒水并覆盖无纺布养护，时间为 2d，总养护时间不少于 3d。

整个养护期间，混凝土板面和侧壁均应覆盖严实，保持湿润。

气温低于 10℃时，应对成型混凝土采取保温措施，并适当延长养护时间。

抢建混凝土道面 7d 后方可开放通行。

二、工程应用实例

1. 西藏邦达机场

邦达机场位于西藏昌都地区，跑道长 5500m，宽 45m，飞行区等级为 4D，海拔 4334m，是世界机场跑道最长、海拔高度第二的军民合用机场。该地区自然环境异常恶劣，紫外线辐射强烈，干旱少雨。机场历经 20 余年的使用，道面破损严重，尤其是冻融造成的大面积脱皮、空洞、断裂、冻胀、错台、掉边掉角等病害，已严重影响飞行安全。

该地区空气稀薄，密度仅为海平面密度的 50%，机械功率及人工工效下降幅度大。施工期间白天最高温度 20℃左右，晚上最低 5℃左右，阵风最大风速可达 30m/s 以上。主要材料和施工设备组织困难，又正值川藏线改建，内地运往工地的材料和设备转场最少需要 7d 才能到达。

采用无机聚合物混凝土对跑道全长进行修复,修复总面积 18.9 万 m²。

修补前首先凿除旧道面破损处,并将松散部分清除干净,保持修补面干燥,见图 7-28。

采用抢修一体化施工车浇筑混凝土,见图 7-29。因施工期间平均气温偏低,早晚温差大,无机聚合物混凝土早期强度增长缓慢,极易出现开裂和脱落等病害。通过现场调整胶凝材料用量和水胶比,以及喷洒养护剂、覆盖塑料布和无纺布,采用大功率电热被加热等方

图 7-28 主跑道破损道面挖除

式,对混凝土进行保温、升温,有效地提高了低温条件下早期强度的增长速度。

经检测,4h 抗折强度达到 4.0MPa 以上,1d 的强度达到 6.0MPa 以上,利用该材料抢修的机场道面凝结时间快、强度高、与老道面黏结性好、无错台、外观良好。修补后的道面 4h 即可保证飞机起降使用,见图 7-30。

图 7-29 一体化施工车作业

图 7-30 修补后的机场道面

该材料适用于高海拔地区机场道面抢修工程,满足高原高寒地区机场道面使用要求。

2. 西藏日喀则机场

机场地处西藏高原日喀则地区,因年久失修,道面冻融、破损、塌陷、断板等病害普遍,已严重影响机场正常使用。

原设计采用高强度等级水泥混凝土进行修复,计划工期 30d,任务难以完成。为了加快修复进度,经反复论证,报请工程建设指挥部、设计单位、监理单位同意,整个道面修补全部采用无机聚合物混凝土新型抢修材料。

无机聚合物混凝土具有的早强、快凝、施工方便、黏结力强等特点,适合高原机场大面积抢修。经检测,无机聚合物混凝土 4h 抗折强度达到了 3.2MPa,1d 抗折强度达到了 5. 无开裂脱落现象,满足设计 28d 抗折强度 4.5MPa 的要求。

采用无机聚合物混凝土修补道面不但各项指标均满足设计要求,而且施工速 20d 即完成了 34.6 万 m² 的修补任务,提前工期 10d,比原设计方案节省经费 200

3. 新疆某直升机机场

新疆某直升机机场地处中温带大陆干旱气候区,温差大,寒暑变化剧烈,冬季寒冷,最低温度可达 -35℃。施工期间白天平均气温 7℃ 左右,晚间最低温度为 -2℃ 左右,属于超低温施工。

计划工期 15d,需完成旧道面抢修 6000m²,道面抢建 200m²(厚度 25cm)。设计指标 28d 抗折强度为 5.0MPa,抗冻融等级 $F \geqslant 300$。

机场道面抢修抢建工程均采用无机聚合物混凝土。采用乌鲁木齐八一钢铁厂生产的 S95 矿粉,现场配制液态激发剂,采用与水泥混凝土相同的骨料。针对低温施工特点,通过大量室内实验和现场试验,配制出符合设计指标的抢修、抢建无机聚合物混凝土。

为克服低温环境对混凝土强度增长带来的不利因素,采取如下辅助措施:

(1)搅拌站设置时尽量缩短混合料运距,搅拌站搭设暖棚或采取其他挡风保温设施。

(2)将水加热后搅拌,根据情况,砂石料可同时加热。混合料不超过 35℃;水不超过 60℃;砂石不超过 40℃,胶凝材料不允许加热。搅拌时间应比正常气温条件下的搅拌时间延长 50%。

(3)养生时必须采取保温、升温养护措施。蒸气养护温度宜控制在 60℃ 以下。电加热养护步骤:先用一层塑料布覆盖,再铺一层与板面同宽的电热被,其上盖一层塑料布,最后电热被通电加热,保持混凝土板不低于 10℃。

通过调整激发剂配方,改进养护方式,采用蒸汽养护和大功率电热被加热等简便工艺,有效地提高了无机聚合物混凝土早期强度增长速度。实践表明,该混凝土不仅能够在常温条件下施工,而且可在 10℃ 以下甚至零度以下施工,拓宽了其适应性。

经检测,在低温条件下,辅以保温、辅助加热升温等措施,抢修 4h 抗折强度达 3.1MPa 以上,1d 抗折强度达 5.3MPa 以上;抢建 7d 抗折强度达 5.5MPa 以上,28d 抗折强度达 6.5MPa 以上,融循环达 320 次以上。

低温或负温施工主要针对特殊用途的抢修抢建工程,成本会有一定程度提高。

第八章　道面接缝材料

第一节　概　　述

在机场水泥混凝土道面设计和施工中,为了防止道面收缩而产生不规则裂缝,设置了大量缩缝,板块设计尺寸一般为 4m×4m、4m×5m、5m×5m 或其他类型,板缝中灌入封缝材料来防止渗水;同时,为了防止道面膨胀而挤坏道面板,也设置了很多胀缝,胀缝中安置可压缩的填缝材料(胀缝板),顶部则灌入封缝材料用以密封。机场混凝土道面接缝的扩缝、填缝是机场施工的最后环节,而填缝用接缝材料的质量与施工质量直接影响道面工程质量。

机场道面接缝,包括胀缝和缩缝。胀缝,是使混凝土道面板在温度升高时能自由延伸的接缝。缩缝,是为防止混凝土道面板因温缩、干缩产生无规则开裂,用隔离或锯切的方法做出的接缝。

机场道面接缝材料,即道面嵌缝材料,按照使用性能分为胀缝材料(胀缝板)和封缝材料(嵌缝密封胶)。

胀缝材料即胀缝板,能适应混凝土板的膨胀和收缩而嵌入道面胀缝中的板材。在热胀冷缩、湿胀干缩等各种应力作用下道面板产生较大的位移和变形,导致胀缝处的接缝位移较大。胀缝材料的作用是在高温季节,接缝宽度缩小时,胀缝材料被压缩而不挤凸,使道面板不致产生挤压破坏;当低温季节道面板收缩时,胀缝材料又能回弹变形,持续封填胀缝,使道面表面保持平整。

封缝材料,是能承受接缝位移以达到气密、水密目的而嵌入道面接缝中的材料,用于水泥混凝土道面的缩缝密封和胀缝上部的封闭。封缝材料应选用与混凝土板缝壁黏结牢固、回弹性好、拉伸率大、不溶于水、不透水、高温时不溢出或流淌、低温时不脆裂、抗燃油、抗嵌入能力强和耐久性好的材料。

第二节　道面接缝材料

一、机场道面封缝材料

1. 机场道面封缝材料简介

机场道面封缝材料,是能承受接缝位移以达到气密、水密目的而嵌入机场道面接缝中的材料。机场使用的封缝材料,在 20 世纪 80 年代以前主要使用沥青玛蹄脂和沥青油膏,沥青玛蹄脂是由沥青和矿物填充料混合而成,沥青油膏是以石油沥青为基料,加入废橡胶粉等改性材料等混合而成。两者黏结性、热稳定性、低温柔性、耐久性等都较差。在 80 年代以后主要使用聚氯乙烯胶泥,它是以煤焦油和聚氯乙烯树脂粉为基料,掺外加剂在140℃下塑化而成的膏状密封材料。聚氯乙烯胶泥性能虽然较沥青玛蹄脂好,但由于全国各地不同厂家的产品质量差异较大,且普遍有冬脆夏软的问题,质量较好的寿命不过2~3年,质量差的当年即发生挤出、脱开、碎裂现象,失去封缝作用。此外,上述材料都要求热施工,加热温度过低,则材料的施工性能差,流动性低,难于灌缝;加热温度过高,材料易老化甚至焦化报废。使用上述材料破坏后,重新灌缝很困难,因此,从2001年开始空军机场场道工程禁止使用聚氯乙烯胶泥。

我国在中、高档密封材料的研究应用方面起步较晚。我国从20世纪80年代开始进口高档密封材料,同时从国外引进高档密封材料生产技术和设备,例如从英国引进了聚硫、丙烯酸密封材料的生产技术,从美国引进了聚氨酯密封材料的生产技术,与法国合作生产硅酮类等。通过这些技术和设备的引进,使我国密封材料市场品种齐全,具备了开发研究、生产高档密封材料的基础条件。目前,性能优良的封缝材料主要是聚硫、硅酮类、聚氨酯类高档封缝材料。

2.封缝材料分类及其硬化机理

按照储存形式分为单组分型和双组分型两大类,按照密封材料的组分类型、硬化机理将其进行分类,如表8-1所示。

密封材料的分类　　　　表8-1

组分类型	硬化机理	密封材料品种
双组分型	混合反应硬化	硅酮系列;改性硅酮系列;聚硫系列;丙烯酸系列;聚氨酯系列
单组分型	吸收水分硬化	硅酮系列;改性硅酮系列;丙烯酸系列;聚氨酯系列
	氧化硬化	改性聚硫系列
	干燥硬化	乳液型:丙烯酸系列;溶剂型:丁苯橡胶系列
	非硬化	硅酮系列黏结胶;油性腻子

由于各类型密封材料的硬化机理不同,所以它们的硬化速度及其影响因素、硬化后的性能以及硬化过程中体积变化等有很大差别。

双组分、混合反应硬化型密封材料的硬化主要来自于两个组分之间的化学反应,所以基剂与硬化剂的比例、混合搅拌的均匀程度是影响硬化速度和性能的主要因素,而环境的湿度影响不大。要求施工时严格按照规定的比例混合均匀,才能保证正常硬化。

单组分、吸收水分硬化型密封材料,其硬化速度主要受环境湿度、温度的影响,同时在硬化过程中变形比较大,可能导致硬化体开裂。氧化硬化型密封材料的硬化是从密封材料的表面开始逐步向内进行的,所以其硬化速度较慢;干燥硬化型密封材料由于要向空气中放出物质,所以其硬化速度受空气、湿度影响很大,同时伴随着内部成分的挥发,将发生体积收缩,易产生裂缝。

一般地,单组分密封材料的硬化速度慢,且不易保存。双组分密封材料硬化速度快,更适合于易受自然气候(风刮、雨淋)影响的露天施工工程,故机场混凝土道面接缝应选用双组分密封材料。

3.高性能封缝材料

目前国内外已开发生产的新型高性能密封材料主要有聚氨酯、聚硫、硅酮密封胶。加焦油或沥青的聚氨酯密封胶,弹性与变形能力小。机场道面宜选用非焦油、非沥青的改性聚氨酯密封胶。聚硫密封胶与混凝土的黏结力稍差,经过改性或采用底涂料后其黏结性则满足要求,近几年国内有厂家生产的改性聚硫密封胶(T型聚硫氨脂密封胶)在机场道面接缝密封中效果很好,值得大力推广应用。硅酮密封胶弹性与变形能力很大,但耐油性较差,可用于非燃油泄漏部位的道面。

(1)聚氨酯类封缝材料,是以聚氨基甲酸酯为主要成分的非定型密封材料。它的耐磨性好,优于聚硫、硅酮;弹性模量低、低温柔性优良、延伸率大、弹性好,黏结性好,具有优良的复原性,位移补偿能力强;耐低温,耐油、耐酸碱、抗疲劳性能好,所以广泛用于硅酸盐水泥制品构件的接缝密封。它的使用寿命一般约为15年,但其价格(市价约1.8万元/t)大大低于聚硫(市价约4.5万元/t),性价比较优。聚氨酯原料以聚醚多元醇和聚酯多元醇为主。聚醚多元醇一般都是以多元醇、多元胺和其他含有活泼氢的有机化合物与氧化烯经开环聚合而成。聚醚树脂黏度较低,可在常温下混合,而且产品弹性大,成本低。聚酯多元醇由有机多元酸与多元醇经缩聚反应制得。聚酯树脂因其本身黏度大,与其他组分互混性差,施工较困难,加上成本高,因而不如聚醚树脂应用广泛。聚氨酯弹性体在水中浸渍或暴露于湿气中便逐渐降解,物理力学性能下降。一方面是由于水渗入弹性体产生增塑作用,另一方面是由于发生水解作用的结果。增塑作用是渗入的水与弹性体中的极性基团形成氢键,减弱了聚氨酯分子之间的氢键结合,这种增塑作用是可逆的,经干燥后其性能还可以恢复。聚合物的水解作用则使弹性体的结构遭到破坏,显然是不可逆的。聚醚型聚氨酯弹性体的耐水解性是聚酯型的5~10倍。因此,机场混凝土道面接缝应采用聚醚型聚氨酯。

聚氨酯密封胶产品分为单组分、双组分、非下垂和自流平型,机场道面接缝应采用双组分、自流平型。

(2)聚硫类封缝材料,是由液态聚硫橡胶和金属过氧化物等经硫化反应,在常温下形成的弹性体。它的使用温度范围为 -40~96℃,具有良好的耐油、耐溶剂、耐臭氧、耐气候、耐低温性能和较强的抗撕裂能力。双组分聚硫密封胶黏度低,两种组分易混合均匀,施工性能好,具有极佳的气密性和水密性,良好的低温柔性,可常温或加温固化。其与混凝土板的黏结性低于优质聚氨酯,必要时需涂底涂料。目前该产品分为单组分、双组分、非下垂和自流平型。单组分固化慢、不宜储存,非下垂型拉伸模量太高,变形性小,不适合机场道面使用。机场道面接缝应选用双组分自流平型,预计使用寿命为20年以上。

(3)硅酮类封缝材料,是由线性硅氧烷构成的高聚物。它的抗拉强度高,弹性恢复性能好,耐紫外线、耐臭氧、低温柔性(温度可低至 -60℃)和耐高温性(温度可高达150℃)优良,能耐稀酸及某些有机溶剂的侵蚀,用于机场道面封缝材料性能优良。高档的硅酮综合性能较好,但耐油性差(油溶胀),机场混凝土道面燃易油泄漏部位不宜使用。

二、机场道面胀缝材料

胀缝材料即胀缝板,是能适应混凝土板的膨胀和收缩而嵌入道面接缝中的板材。在水泥混凝土道面的胀缝中,应选用能适应混凝土板的膨胀和收缩、施工时不变形、复原率高和耐久性良好的材料。因此宜采用性能优良的泡沫橡胶板或闭孔聚乙烯泡沫板。

我国以前机场道面胀缝填缝材料大多采用油浸木板,即用稀释沥青浸渍杉木或松木板。油浸木板虽然能对道面的温度变形提供一定的膨胀空间,但由于木板受压缩后回弹能力低,因而可能出现:夏季高温时,胀缝板被压缩、挤坏甚至脱落;冬季道面板收缩时,雨水、雪水通过胀缝渗入道面板下基层和土基,造成道面板冻胀、不均匀沉陷等病害。更为重要的是砂石等杂物进入已裂开的胀缝缝隙中,当道面板再度膨胀时,胀缝板已不能提供足够的膨胀空间,导致道面板在胀缝处产生挤压破坏,表现在胀缝处产生啃边、掉块、错台、拱起或碎裂等。这些道面板损坏现象,在多数机场都能看到。另外,稀释沥青浸渍杉木或松木板,一般浸渍不完全,木板易吸收水分而腐烂,也会导致胀缝的损坏。胀缝损坏使道面平整度变差,飞机起飞着陆时产生严重颠簸,危及飞行安全。也有采用无回弹能力的 PVC 泡沫板作胀缝板使用,道面板膨胀压缩一次循环后,PVC 泡沫板即产生很大的残余变形,失去填缝作用,效果更差。

目前用于机场道面工程的胀缝填缝材料有聚乙烯泡沫塑料类板材、聚氯乙烯泡沫塑料类板材、海绵橡胶、油浸木板等。对于机场道面复杂的自然环境,胀缝材料的选用向高功能方向发展,泡沫塑料和海绵橡胶类材料将取代油浸木板。随着我国节能降耗工作的深入开展,这一趋势将日益明显。

根据《军用机场水泥混凝土道面接缝材料施工技术规程》(GJB 6951—2010)提出的技术要求,对胀缝材料的质量控制能起到较好的判定,性能优良的胀缝材料有:

(1)闭孔聚乙烯泡沫塑料。压缩应力适中,受压后挤凸量小,卸荷后恢复率高,且吸水率低,符合该标准的技术要求,是一种优质的机场道面胀缝材料。

(2)海绵橡胶。压缩应力适中,挤凸量不大,且恢复率最高,弹性好,完全符合该标准的技术要求,是综合性能最好的机场道面胀缝材料。

应淘汰的机场道面胀缝材料:

(1)白松。压缩应力较大,受压后残余变形大,恢复率小,且吸水率高,易腐朽,作为机场道面胀缝材料耐久性差,不能作为机场道面胀缝材料。

(2)PVC 泡沫塑料。压缩应力太小,易于被挤压或外物嵌入,受压后残余变形大,恢复率小,难以持续充填胀缝,不能作为胀缝材料。

(3)氯丁橡胶板。压缩应力太大,挤凸量太大,不能作为机场道面胀缝材料。

第三节　道面封缝材料技术性质

机场道面封缝材料用于水泥混凝土道面的缩缝密封和胀缝上部的封闭。应选用与混凝土板缝壁黏结牢固、回弹性好、拉伸率大、不溶于水、不透水、高温时不溢出不流淌、低温时不脆裂,抗燃油、抗嵌入能力强和耐久性好的材料。

一、封缝材料失效的原因

1.材料的内在因素

封缝材料的破坏有两种形式,即封缝材料自身发生断裂破坏(内聚破坏),或封缝材料与接缝侧壁发生界面脱开破坏(黏结破坏),见图 8-1。由于接缝的胀缩,封缝材料会受到拉伸或压缩的作用,破坏往往是由拉伸应变引起的。当封缝材料的内聚强度大于黏结强度时,发生界面破坏,否则发生内聚破坏。封缝材料的破坏特征取决于封缝材料自身的特性及界面状况。

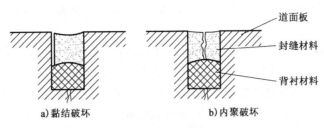

a) 黏结破坏　　　　　b) 内聚破坏

图 8-1　封缝材料的破坏方式

2. 外界因素

（1）水的作用。封缝材料中一些耐水性差的基团在水的作用下会水解,封缝材料降解,产生黏结或内聚破坏,导致密封失效。

（2）紫外线。阳光中的紫外线能激发高分子链脱氢变成自由基,并在氧的协同作用下发生连锁的氧化链断反应或交联反应,使封缝材料发黏或变硬,失去密封功效。

（3）石油基油品。滑油、燃油属石油基烃类,对高分子材料易产生溶胀,甚至降解,使封缝材料内聚力减小,最终导致密封破坏。

（4）喷气冲击。飞机起降、滑行或吹雪车尾喷口强大的热气流使封缝材料发生热老化,热熔类材料易变软熔化吹出缝外。

（5）温度。气温的冷热变化,导致混凝土板块收缩或膨胀,封缝材料受到不断的拉—压作用后发生应力松弛,产生黏结或内聚破坏,密封失效。

3. 接缝设计因素

接缝设计不当也会导致封缝失效。如接缝设计过窄,而封缝材料变形能力有限,当接缝位移较大时,易产生黏结或内聚破坏。灌缝深度过大过小,也会导致封缝失效,原因分析见后文。

4. 施工因素

施工灌缝时缝两侧处理不干净或表面有水分会影响黏结效果;双组分或多组分封缝材料混合不均匀、灌注不密实、产生气泡等原因,也会导致封缝失效。

二、机场道面对封缝材料的要求

与一般建筑工程相比较,机场道面所处的环境比较恶劣,要受到风刮、雨淋、霜雪、冰冻、太阳曝晒等各种自然因素作用。在热胀冷缩、湿胀干缩等各种应力作用下产生较大的位移和变形,因而对封缝材料提出了较高要求。

与一般水泥混凝土路面相比较,机场道面面积大,道面承受的温度应力大,接缝位移大。且道面的纵坡和横坡较小,下雨时雨水径流时间长,雨水下渗概率大。此外,道面还受飞机高温尾喷气流和燃油的影响。可见对封缝材料要求更高。

因此,机场道面封缝材料应满足以下技术要求:

（1）黏结性。封缝材料应与水泥混凝土有优良的黏结性,当接缝扩大或缩小时,封缝材料仍能与混凝土板缝壁牢固黏结,且不出现局部脱开。因此,要求封缝材料应具有较好的定伸黏结性和较低的拉伸模量,这样封缝材料在一定范围内受拉变形时产生的内应力才可能小于材料自身的内聚强度和与水泥混凝土的黏结强度,保持良好的黏结密封效果。

（2）弹性。封缝材料应具有良好的弹性,其拉伸压缩应满足接缝位移的要求。当接缝有较大位移时应能保持所要求的黏结力,不会发生黏结或内聚破坏,并具有较高的弹性恢复能力。

(3)防水性。封缝材料应具有良好的耐水性,自身不溶于水,不被水解而失去黏性,也不吸收水分,能较好地防止水分侵蚀,并能阻止水分在接缝处下渗。

(4)高温稳定性。封缝材料在夏季高温时不应受热发生流淌,挤出污染道面,使得自身体积损失;不能受热降解而发黏,也不能重度交联而变硬。

(5)低温柔性。封缝材料在冬季低温时不发生硬化、脆裂现象,具有一定柔韧性。当混凝土道面板接缝变宽时,封缝材料被拉伸变形而不断裂、不脱开,能持续封填接缝。

(6)耐油性。封缝材料应具有优良的耐油性,在航空燃油和航空润滑油的侵蚀下,封缝材料不产生溶胀甚至溶解。

(7)耐冲击性。封缝材料应具有耐喷气冲击的能力。道面接缝内封缝材料能耐受飞机高温喷气射流及扫雪车高温喷气射流的冲击,不热降解,不被冲出接缝外,并保持良好的弹性。

(8)耐久性。封缝材料应具有良好的耐受紫外线和各种外界因素的能力,在各种自然气候和飞机的反复作用下,应能较长时间保持良好的使用功效,不过早发生老化变质。

(9)环保性。封缝材料不能污染环境和对人体健康有害,如含有煤焦油的产品在施工时对人体健康有害,施工完毕后会污染地下水源和空气环境。

三、机场道面封缝材料的技术指标

1. 机场到面封缝材料的等级

我国东北、华北地区机场道面的接缝位移量都在25%内,气候比较温和的华东、中南、西南地区的机场道面的接缝位移量则更小些(20%以下),只有气候干燥、温差大的西北地区,道面接缝位移较大,如乌鲁木齐机场为37%左右,因此应选择位移能力大的密封材料,如50级。但目前的密封胶产品最高为25级,更高级别的密封胶有待开发。另外,在变形接缝中,在应力下发生松弛的低模量密封料(与没有应力松弛的高模量密封料相比),更可能防止黏结破坏,低模量的密封胶其综合性能优于高模量密封胶。因此建议选用低模量的25LM、20LM两个级别,其中25LM级用于严寒、寒冷地区温差大的机场道面,20LM级用于其他地区机场道面。对于类似乌鲁木齐地区接缝位移较大的机场道面,在目前没有更高级别密封材料的情况下,可采用增大接缝宽度的办法解决封缝问题。

2. 机场道面封缝材料的技术指标

根据《军用机场水泥混凝土道面接缝材料施工技术规程》(GJB 6951—2010),对机场混凝土道面封缝材料提出8个项目的技术要求,见表8-2。

机场混凝土道面封缝材料技术要求　　　　　　　　　表8-2

序号	技 术 性 能		25LM	20LM
1	流平性		光滑平整	光滑平整
2	弹性恢复率(%)		定伸100%×24h ≥75	定伸60%×24h ≥75
3	拉伸模量	23℃	≤0.4(拉伸100%)	≤0.4(拉伸60%)
		−20℃	≤0.6(拉伸100%)	≤0.6(拉伸60%)

序号	技 术 性 能	25LM	20LM
4	浸水后定伸黏结性(23℃×4d)	定伸100%×24h 无破坏	定伸60%×24h 无破坏
5	浸油后定伸黏结(50℃×24h)	定伸100%×24h 无破坏	定伸60%×24h 无破坏
6	冷拉(-20℃×24h)热压 (+70℃×24h)后黏结性	拉伸压缩±25% 无破坏	拉伸压缩±20% 无破坏
7	质量损失率(%)(70℃×7d)	≤5	
8	抗燃性(260℃×120s)	不应着燃、流动、开裂、变硬	

注：1. 25LM 适用于严寒地区、寒冷地区,20LM 适用于其他地区。

2. 第2~8项试件制备时,被黏基材若需要涂底涂料,应按生产厂家要求进行。

3. 适用期和表干时间指标由供需双方商定。

3. 封缝材料性能指标分析

表8-1所列8项技术指标,意义如下:

(1)流平性。反映封缝材料的施工性能,对灌注封缝材料的外观和内在质量有较大影响。不过分强调"自流平",要求封缝材料能够灌入密实且表面光滑平整即可。

(2)弹性恢复率。反映封缝材料的回弹变形能力,要求材料在定伸100%(或60%)24h后,弹性恢复率≥75%,保证封缝材料在道面板产生较大位移时有较好的弹性变形和恢复能力。

(3)拉伸模量。指封缝材料产生一定变形时的内部应力,反映了封缝材料在外力作用下抵抗变形的能力,以相应伸长率时的应力值表示。

(4)浸水后定伸黏结性。反映材料的耐水性能,要求材料在浸水4d后再定伸100%(或60%)24h"无破坏",质量差的材料在浸水后往往会产生黏结或内聚破坏。

(5)浸油后定伸黏结性。反映材料耐油溶解和溶胀的能力,要求材料在50℃油中浸泡24h,再定伸100%(或60%)24h"无破坏"。

(6)冷拉—热压后黏结性。目的是考察封缝材料承受道面板在可变温度下反复胀、缩变形的能力。要求材料在-20℃下拉伸24h,+70℃下压缩24h,两个循环为一个周期,共两个试验周期"无破坏"。

(7)质量损失。间接反映材料的热老化性能。质量损失大的材料会产生体积收缩、变硬、发脆导致黏结破坏。要求材料在70℃下放置7d,质量损失≤5%。

(8)抗燃性。反映材料抵抗飞机高温尾喷气流或吹雪车短时间吹喷的能力。要求材料在260℃下120s不着燃、流动、分离、变硬或失去弹性。

4. 封缝材料试验检验方法

上述封缝材料技术指标共8项,其中6项指标的试验方法可采用国家标准《建筑密封材料试验方法》(GB/T 13477,2002年修订稿),见表8-3。另2项指标:浸油后定伸黏结性、抗燃性试验方法按照《军用机场水泥混凝土接缝材料施工技术规程》(GJB 6951—2010)中附录补充试验方法进行。

机场混凝土道面封缝材料试验方法 表 8-3

序 号	技 术 性 能	试 验 方 法
1	流平性	GB/T 13477.6 流动性的测定
2	弹性恢复率	GB/T 13477.17 弹性恢复率的测定
3	拉伸模量	GB/T 13477.8 拉伸黏结性的测定
4	浸水后定伸黏结性	GB/T 13477.11 浸水后定伸黏结性的测定
5	浸油后定伸黏结性	浸油后定伸黏结性试验方法(见 GJB 6951—2010 中附录补充试验方法)
6	冷拉热压后黏结性	GB/T 13477.13 冷拉—热压后黏结性的测定
7	质量损失率	GB/T 13477.19 质量与体积变化的测定
8	抗燃性	抗燃性试验方法(见 GJB 6951—2010 中附录补充试验方法)

5. 关于封缝材料的耐久性

目前机场道面封缝材料的老化性能研究较少。高档密封材料(如聚氨酯、聚硫、硅酮)的老化问题,是目前世界各国的研究热点。密封材料在自然暴露条件下,因光、热、氧、雨水、湿气等大气因素作用,性能会逐渐劣化,最终失去使用价值。在大气环境诸因素中,导致老化的主因是光和热。太阳辐射中的紫外线可直接切断高聚物的分子链或诱发光氧化反应,这种作用一般发生在材料表面,逐渐向内部发展。红外线可被材料吸收转化为热能使温度升高,加速材料分子运行,从而导致热氧化反应,使高聚物发生降解或交联,也可直接引起热分解反应。与一般建筑工程相比较,机场道面所处的环境最恶劣,不仅要受到风刮、雨淋、冰冻、太阳曝晒等各种自然因素作用,还要受到飞机高温尾喷气流和燃油的影响,研究其老化问题显得更为重要。

考虑到机场道面的接缝很窄(8mm 左右),受太阳紫外线影响小(仅表层暴露),主要是热效应(道面板温度高)影响大。因此,对封缝材料没有单独提出人工老化技术要求,依据现有研究结论"热效应大于光效应",要求机场道面封缝材料的质量损失(热效应)≤5%,以达到间接控制封缝材料老化过快的目的。对于封缝材料的老化评价指标和试验方法,特别是和使用寿命挂钩的试验研究,尚需更深入的工作。

第四节 道面封缝材料形状与尺寸

一、接缝形状

美国有关专家学者系统研究了接缝形状对封缝材料性能和在接缝中应力分布的影响。试验研究的接缝形状有深矩形、方形、沙漏形、浅矩形和浅沙漏形,研究表明,沙漏形是最理想的接缝形状,目前在机场混凝土道面接缝实际中采用的正是沙漏形状(施工中封缝材料下部垫有圆形背衬材料,上部经过弧形刀修整),这对封缝材料的受力状态有利,这一做法是合理的。

二、灌缝宽度

机场混凝土道面接缝的宽度,要根据有关设计规范来计算。所需的接缝宽度取决于灌缝施工时的温度、当地的温度极差和所用密封胶的位移能力。对于封缝材料而言,其弹性变形性能是有一定限度的,当接缝两侧道面板变形量确定以后,接缝越宽,封缝材料的相对伸长率越小,对保持封缝材料的弹性恢复性、不断裂和与道面板的黏结等就越有利。从这个意义上考虑,接缝越宽越有利。但是接缝过宽,接缝处混凝土易产生啃边,飞机行驶时易产生颠簸,且费工、费料不经济。相反如果接缝宽度过窄,难以进行填充作业,且封缝材料的刚度增大、伸长能力变小,容易产生黏结和内聚破坏。所以要根据道面接缝的变形量以及所采用封缝材料的位移能力(如25LM或20LM)来合理地进行接缝宽度设计。

试验研究表明,接缝宽度8mm左右比较合理,最小灌缝宽度不宜小于6mm。

三、灌缝深度

灌缝深度是指在接缝内填充的封缝材料的厚度。一般认为,接缝密封得越深,效果越好。其实不然,封缝材料与混凝土的黏结应力是由材料的物理性质确定的,封缝材料的弹性模量和黏结应力是一个定量,灌缝深度稍有增加,就使封缝材料承受较大的变形,同时增加材料的内部应力,反而易使封缝材料和道面板在黏结面处脱开。另外,从节约工程投资的角度看,密封深度越大,封缝材料的用量越大,造成工程费用增加。不过灌缝深度也不能过小,否则封缝材料与道面板会因黏结面积不足,产生剥离现象,或者在封缝材料表面发生穿刺。

经研究,推荐机场水泥混凝土道面接缝灌缝深度为10~15mm。

四、推荐的宽深比

接缝的宽度要能够吸收道面板的变形,要保证封缝材料的变形率不致过大,同时还要考虑到施工的难易程度。灌缝的深度要保证封缝材料与道面板有足够的黏结面积,同时不能过大,以避免在接缝变形时造成封缝材料的表面的伸长率过大,产生破坏。

综合考虑,建议机场混凝土道面接缝新型封缝材料宽深比为1:2~1:1,灌缝宽度选用8mm左右为宜,且最小宽度不应小于6mm;灌缝深度选用10~15mm为宜,且不宜小于8mm。

另外,对于道面胀缝材料上部的封缝材料,建议灌缝深度20mm左右(与胀缝板同宽),灌缝深度为10~20mm,即宽深比为1:1~2:1。

五、关于背衬材料(泡沫条)

背衬材料(泡沫条)是用于限制封缝材料灌缝深度并确定封缝材料背面形状的可压缩材料。背衬材料也叫衬垫材料(衬垫条)、隔离材料等。

背衬材料安放在接缝底部(图8-2),既能有效控制封缝材料的深度,又使封缝材料与下部混凝土隔开,使封缝材料只与侧面混凝土形成两面黏结,防止三面黏结受力,影响封缝材料变形时的自由移动,避免产生黏结或内聚破坏。同时,背衬材料使封缝材料下部形成希望得到的形状比例,防止封缝材料呈齿状或下垂,甚至流入道面下的基础中。

以前用聚氯乙烯胶泥灌缝时采用的衬垫材料大多为棉线绳或麻绳,均被淘汰。

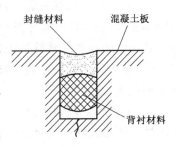

图8-2　背衬材料示意图

采用新型冷用接缝材料后,常用的背衬材料为聚乙烯泡沫塑料条,取直径为 10~15m 的圆条状。用这种背衬条可使封缝材料灌注后形成一个很好的沙漏形状(图 8-2),有利于封缝材料的位移变形和受力状态。

背衬材料的直径一般比接缝宽度大 25%,具有抗黏性。关于背衬材料的质量要求,我国目前尚无相应标准要求。

第五节 道面胀缝材料技术性能

选用较好的胀缝材料,对提高道面整体质量,满足道面使用要求,保证飞行安全,延长使用寿命,具有重要现实意义。

一、胀缝材料技术指标

相对于一般的建筑工程而言,机场道面所处的环境比较恶劣,受到各种自然因素作用。特别在热胀冷缩、湿胀干缩等各种应力作用下道面板产生较大的位移和变形,导致胀缝处的接缝位移更大。胀缝板的作用就是要提供温度应力的释放空间,当高温季节道面板吸热膨胀时,胀缝板被压缩而不挤凸,能吸收消除温度应力,使道面板不致产生挤压破坏;当低温季节道面板收缩时,胀缝板又能够回弹变形,持续封填胀缝,使道面表面保持平整而正常工作。

根据《军用机场水泥混凝土接缝材料施工技术规程》(GJB 6951—2010),机场水泥混凝土道面胀缝材料技术要求共 5 项,见表 8-4。

机场混凝土道面胀缝填缝材料技术指标建议值 表 8-4

序 号	性 能	试验方法及要求
1	压缩性	厚度压缩至 50%,0.35MPa≤压缩应力≤10.35MPa
2	恢复率	厚度压缩至 50%,卸载后让其自由恢复 30min,恢复到原厚度的 90%
3	挤凸性	三面位移受限下,厚度压缩至 50%,自由面位移小于 5mm
4	吸水性	试件浸在 23℃的水中,24h,纸巾擦净表面多余的水,质量增加≤5%
5	密度	不小于 100kg/m³

各项技术指标的意义如下:

(1)压缩性。反映胀缝材料的抗压缩变形能力,保证胀缝材料有效封填胀缝。要求胀缝材料不能太软,太软杂物易嵌入胀缝;也不能太硬,太硬则不易压缩变形,不能给混凝土提供足够的膨胀空间。要求材料厚度压缩 50% 时,压缩应力应大于 0.35MPa,小于 10.35MPa。

(2)恢复率。反映胀缝材料在压缩变形后的回弹能力,以保证胀缝材料能持续封填胀缝,防止杂物进入。

(3)挤凸性。反映胀缝板在一定压应力作用下抗挤出的能力,挤凸过大,影响道面表面的平坦性。要求试件在三面位移受限的条件下,厚度压缩 50%,自由面位移不超过 5mm。

(4)吸水性。间接反映材料的耐水能力,用吸水率表示,能体现材料的耐久性和使用寿命,吸水率小,在一定程度上能阻止水分在接缝处下渗。

(5)密度。反映胀缝填缝料本身密实程度。

二、胀缝填缝材料试验方法

关于胀缝填缝材料试验方法,根据《军用机场水泥混凝土接缝材料施工技术规程》(GJB 6951—2010)附录 A 进行。

参 考 文 献

[1] 吴中伟,廉慧珍. 高性能混凝土[M]. 北京:中国铁道出版社,1998.

[2] 姚燕,王玲,田培. 高性能混凝土[M]. 北京:化学工业出版社,2006.

[3] 冯乃谦. 高性能混凝土结构[M]. 北京:机械工业出版社,2004.

[4] 空军后勤部机场营房部研究室,空军工程大学机场建筑工程系. 机场道面高强混凝土应用研究报告[R]. 北京:中国人民解放军空军后勤部,2000.

[5] 空军第三空防工程处,空军工程大学机场建筑工程系. 唐山机场自密实混凝土道面技术研究报告[R]. 北京:中国人民解放军空军后勤部,2003.

[6] 中华人民共和国行业标准. CECS 38—2004 纤维混凝土结构技术规程[S]. 北京:中国计划出版社,2004.

[7] 马国强. 机场道面合成纤维混凝土性能试验研究[D]. 西安:空军工程大学,2008.

[8] 邓宗才. 高性能合成纤维混凝土[M]. 北京:科学出版社,2003.

[9] 龚益、沈荣熹、李清海. 杜拉纤维在土建工程中的应用[M]. 北京:机械工业出版社,2002.

[10] 蒲心诚. 超高强高性能混凝土[M]. 重庆:重庆大学出版社,2004.

[11] 中华人民共和国国家标准. GB/T 50082—2009 普通混凝土长期性能和耐久性能试验方法标准[S]. 北京:中国建筑工业出版社,2009.

[12] 刘庆涛. 军用机场道面再生混凝土性能与应用研究[D]. 西安:空军工程大学,2013.

[13] 中华人民共和国国家军用标准. GJB 1112A—2004 军用机场场道工程施工及验收规范[S]. 2004.

[14] 中华人民共和国国家军用标准. GJB 1578—1992 机场道面水泥混凝土配合比设计技术标准[S]. 1992.

[15] 曹定国,翁履谦,吴永根,等. 快凝早强无机聚合物混凝土研究与应用[M]. 1版. 北京:科学出版社,2015.

[16] 蒲心诚. 碱矿渣水泥和混凝土[M]. 北京:科学出版社,2010.

[17] 中华人民共和国国家军用标准. GJB 6951—2010 军用机场水泥混凝土道面接缝材料施工技术规程[S]. 2010.